これで書ける！

理系作文の鉄則46

ぜひ知っておきたい
最強のコツとテクニック

斎藤 恭一 著

化学同人

■ 目 次

3

第Ⅲ部 ＜解析＞ 文書を作ってみる
パラグラフ・ライティング
145

■コラム「ひと休み」一覧

誰も直してはならぬ!?

「文は人なり」という言葉がある．言い換えると，「文章を直すことは，それを書いた人を否定すること」となる．私は他人の文章を直して，たいへんな思いをしたことが二度ある．忘れたい事件であるが，若い人の未来のためにそれを紹介する．これを読めば，書いた人の人格を有する文を「誰も直してはならぬ！」ということを理解していただけると思う．

■ 事件① 「君は失礼な人だ」

まず，私のボスであったF教授からの叱責事件．F研究室の助手であった私は，博士課程の学生Y君の博士論文作成を指導した．修士課程の2年と博士課程の3年を合わせて5年間の総まとめが博士論文であった．博士の学位を審査するために，審査委員会が設置され，そこには主査1名と副査4名が選出される．主査や副査は教授または助教授が担当した．助手であった私は審査に参加できないというルールがあった．予備審査会そして公聴会（公開発表会）での審査を通過すると，教授会にその経過を説明して承認を得ることが必須である．

教授会に審査経過を説明する書類の文案を，主査を引き受けたF教授が執筆した．手書きの文案をY君がワープロ入力した文面を見せてもらったとき，おとなしい書き出しに私は不満をもった．

「○○法による材料の作製が……これまで行われてきた」

冒頭の文章が文書全体の勢いを決めると思っていた私は，博士論文の内容を描き出す文書の書き出しをもっとアピールする文に直して，それをY君に手渡した．7階建の建物の地階にある実験室で私と5年間，日頃から議論してきたY君は私の修正に素直に従った．その数時間後，顔面蒼白のY君が私の前に現れた．

「F教授に『私が書いたワープロ入力用の手書きの原稿を持ってきなさ

5

い』と言われました．書き直したのがばれたようです」．これはまずいことになったと私は思った．「どうしましょう？」とＹ君は私に対応を迫った．……．……．「『斎藤先生に指示されたとおりに直しました』と言え」と私は答えた．すると，Ｙ君は「いいんですか？」と私の顔を覗き込んだ．

「いいんですか？」　私は内心，「いいはずないだろ！」と思った．そうかと言って「私が勝手に修正しました」とＹ君に言わせるわけにもいかない．「正直に言うしかないよ」とＹ君を７階のＦ教授室に送り出した．長い時間に感じた数分後，私の机の上で内線からとわかる電話が大きく鳴った．「これから内線ならぬ内戦だ」なんてダジャレを思いつきもしなかった．

「はい，斎藤です」と覚悟して受話器をとると，一瞬の静寂の後，「君は失礼な人だ」とＦ教授の"熱く冷たい"言葉があった．私は返す言葉もなかった．電話はすぐに切られた．その後，一週間，Ｆ教授と私のコミュニケーションも切られた．

「文は人なり」の本質を心底から味わった．Ｙ君は無事，工学博士の学位を取って修了し，アメリカに留学していった．Ｆ教授と残された私は相変わらず，教授と助手の関係のまま，本事件を表面上，水に流して研究室での学生指導を続けた．

■ 「理系のサバイバル英語入門」ゼミ

つぎに，本の共著者となった西村肇先生からの叱責事件．東京大学では大学２年生の秋に，進学する学科を決める．この方式は，進学振り分け，

略して，「進振（しんふり）」と呼ばれている．私は東京大学で過ごしていなかったのでこの方式に驚いた．定員があふれるほど人気のある学科と，定員に達せず底が抜ける不人気学科に分かれる．いったん，底が抜けると次年度も不人気になりやすい．当時，私が助教授として所属した「工学部化学工学科」は不人気学科への転落一歩手前にあった．

学科の将来に危機感を抱いた私が思いついた「進振」対策が，「おもしろ数学入門」というゼミを大学1，2年生に聴かせて，化学工学科の人気を得ることだった．まともに「化学工学のすすめ」と銘打ってゼミを開いても，「この学科，こんなにPRしないと人が集まらないんだ」と学生に勘繰られるのが関の山であった．人気のある学科は，何もせずに堂々としているだけで，定員を超える志望学生が集まっていた．

「おもしろ数学入門」というゼミを木曜日の午後6時から実施したところ40名ほどが集まった．言い出しっぺの私と，2名の教授（西村先生と小宮山宏先生）の3名で講義を5回ほど実施し，最後の回にはサンドイッチとドリンクを用意して懇親会まで行うというサービス満点のゼミだった．しかし，この参加者数では「進振」での当学科の人気上昇にはつながらないと判断し，「数学」を「英語」へ切り替えることにした．ゼミ実施の目的を見失ってはならないのだ．

西村先生がゼミの名称を「サバイバル英語」にしようと提案した．「理系のサバイバル英語入門」ゼミには，初年度に200名超の学生が参加した．10年間続けたところ，ピークの年度には800名超が初回に集まった．木曜日の午後6時から2～3時間，しかも単位をもらえるわけでもないのに集まった．800名ともなると，収容人数が最大の教室でも座席は足りず，全部の壁には立ち見，そして通路や教壇の前スペースに床座りとなった．教室の熱気もムンムンだった．

講師陣は，1～3回が私，4～6回は英文校閲会社「ミューリサーチ」の経営者である樋山雄二先生，英語クロスワードを趣味としていた千輪眞氏〔当時，オルガノ㈱勤務〕，および小宮山先生が1回ずつ，そして締めの2回が西村先生であった．

■ 事件②「君だろう，直したのは」

　そんな人気ゼミの内容を本にして記録に残すことを思いつき，講談社ブルーバックスに出版をお願いしたところ，企画が通った．講義の実況中継をめざして，講師陣５名が著者になり，原稿を執筆した．全員の原稿が揃ったところで，担当編集者のHさんから，著者陣の取りまとめ役の私に電話がかかってきた．「文体がバラバラなので，斎藤先生が全体を統一していただけませんか？」　著者がバラバラなのだから，文体もバラバラになるのはあたりまえで，それはそれで個性があって読者にはおもしろいんじゃないかと思ったけれども，企画を通してくれたHさんの意向に押されて，「やってみます」と答えた．

　Hさんから送られてきた原稿を読んで，「である」調を「ですます」調に直したり，難しい漢字をひらがなにしたりした．内容を変えるつもりはなかった．しかも，私が直した箇所はHさんが著者に許可を得てから印刷所に回して，「初校」ゲラになると思っていた．ところが，私が修正した原稿が「初校」ゲラとして著者に送付されたのだ．

　日曜日の昼下がりに西村先生から自宅に電話がかかってきた．受話器の向こうで「君だろう，直したのは」と西村先生が冷静におっしゃった．しばらくの間，私は何が何だかわからなかったが，そのうちに気づいた．私が修正の赤を入れた原稿が，西村先生の承諾なく「初校」ゲラになって西村先生に渡ったのだ．

　「私の原稿を本に入れなくてもいいんだよ」

　「それは困ります．先生の原稿がなくなったら，本になりません」

　西村先生の原稿の量は全体の30％近くを占めていた．私がただただ謝っていると，しばらくして，西村先生から「うちに来なさい」と言われて電話が切れた．後日，西村先生のご自宅をHさんと連れ添って訪ねた．応接のソファーに二人で並んで座るように指示された．私はソファーに寄りかからずに膝を立て，今にも謝りそうな前傾姿勢をとった．

　「まさか，今日は謝りに来たんではないよね」

　「いや，それ以外，何をすれば……」

　「斎藤君，こういうときは，『I am sorry』だよ．残念なことをしてしまい，『私はかなしい』と言うのが正しいんだよ」

　「他人の文を直すことは，その人の人格を否定することなんだ．謝っても許されないことがあることを学んで，これからの人生に活かしなさい」

　西村先生は冷静であった．「文は人なり」を再確認させられた．私は謝っても許されないことがあることを 40 歳を過ぎて知った．

　西村先生の原稿を元に戻して掲載することになり，「理系のサバイバル英語入門」は無事出版され，好評を得た．今ならこの一件を「ゲラゲラと笑えない初校ゲラ事件」と名づけられる．

■ 先生は学生の文を直さねばならぬ！

　人格を形成する場である大学では，教員は学生の文を直してよい．教員の最大の特権である．それが嫌な学生は大学に入ってこなくてよいと私は思っている．

　あなたが学生として研究室に配属され，そこに教育熱心な指導教員がいれば，あなたの赤ペン先生になってくれる．文を存分に直してくれる．その先生は，文を書いたあなたを叱ったり，褒めたりしてくれる．その機会がなかった場合，あなたは社会人になって自分で学ぶしかない．

　ひと昔前なら，会社に入って上司や先輩に文を直してもらえた．「君は今まで何を習ってきたんだ！」「何を言いたいのか，まったくわかんないよ！」「もう少し，わかりやすい文を書けないの！」と，叱られながら，

文に赤を入れてもらえた．今は，ハラスメントで訴えられるという危険を冒してまで作文指導してくれる上司や先輩はいないだろう．

　文の書き方を自ら学ぶには，よい教材が必要だ．それがこの本ならたいへんうれしい．35 年間，研究室で学生の文を校閲してきたすべてを投入して書いた本だから，読者の赤ペン先生に私がなれる可能性は高い．

■ 本書の構成

　理系人生を歩むには作文力が必要である．作文力の習得では＜方向性＞と＜方法論＞が道標になる．この 2 つさえあれば正しく進んでいける．

> 「努力は大切である．が，それだけでは大きな成果が得られるとは
> 限らない．肝心なのは，努力の方向性と方法論である．」
>
> （野村克也『巨人軍論』角川 one テーマ 21，2006 年）

　本書の**第Ⅰ部**は，理系文書を書くことが必要になるのはどんな場合か，それは何のために書くのかなどについて，自らの体験をふまえて，それぞれの＜**方向性（目的）**＞を示す．顔の見えない複数の読み手に向けて，理系の研究者や技術者がつくる文書には次の 4 つがある．「学会の要旨」，「ペーパー（投稿論文）」，「研究費の申請書」，そして「解説記事」だ．

　第Ⅱ部は，理系の文書を書く＜**方法**＞を示す．6 つの段階を踏んで作文法（46 の鉄則）を身につける．6 つとは，「**基本**」，「**語句**」，「**文**」，「**段落**」，「**文書**」，そして，おまけとして「**世渡り**」である．

　第Ⅲ部では，段落書き（**パラグラフ・ライティング**）を習得するために，実例を通して段落を＜**解析**＞する．

　46 の鉄則にしたがって**文書**を今すぐ**作成**しよう．そして，**46 の鉄則**にしたがって**推敲**しよう．そうした努力は必ず大きな成果につながります．

2023 年 夏

斎藤 恭一

第Ⅰ部
目 的

何のために書くか
理系人生で求められる4種の文書

　理系人生の出発点と言える学部4年生で研究室に配属されてから46年が経った．大学院に進んで，その後，大学教員（助手，講師，助教授，教授）として大学という組織に35年間，所属した．現在は，会社と大学の兼業である．

　大学も会社も組織である限り，多くの人がいて，コミュニケーションをとりながら，組織の目標に向かって活動している．そのコミュニケーション手段のほとんどが文書だ．メールだって文書である．

　大学，研究機関，会社の研究所，どこにいても，他人のお金や時間を使って研究をしたら，成否にかかわらず，報告書を作成・提出することが要求される．報告書の代わりに，論文，特許，会社の技報（技術報告書）もある．日記ではないから，読み手が必ずいる．

　私がこれまでに要求されてきた理系文書を4つに分類すると，

①学会の要旨　②ペーパー　③研究費の申請書　④解説記事

である．会社組織での文書に当てはめると，次の4つになる．

①成果報告書　②特許　③プロジェクトの企画書　④製品説明書

　これらにはお手本はあるが，最後は自分で作らなくてはならない．それぞれが何を目的に書かれ，どんな文書なのかを説明しよう．

文書1 講演会場の聴衆を増やすために書く

学会の要旨

■ 学会って

　修士課程をやっとの思いで通過し，就職活動もままならずに博士課程に突入した．40年以上も前の私の話である．今なら，「修士課程を順調に修了し，博士課程に進学した」というのがふつうである．海水1トンあたりに3 mg-Uの濃度で溶けているウランを採取する研究を修士課程2年目の夏から進めていた．その2年後の博士課程2年目の夏に「化学工学会東北支部大会」（正式名は忘れた）という学会で生まれて初めて発表することになった．仙台駅から歩いていけるホテルの，床が赤絨毯敷でふだんなら結婚披露宴に使っているホールが発表会場であった．

　学会というのは，その名のとおり，「ある学問領域の会議」である．英語で言うと conference である．参加者全員が 1 つのテーブルを囲んで議論する会議ではなく，3 人掛けの机が 3 つずつ 10 列ほど並べられ，前に演台があるという教室風の配置での会議である．収容人数は 100 名くらいであった．当時，発表会場のスライド係に，1 枚ずつ番号入りの紙枠に入った青スライドの束を渡すと，スライド係が映写機から前方の右または左のスクリーンにスライドを番号順に映してくれた．スライドの切り替えは，発表者が「次，お願いします」と発表しながら指示した．

　発表者が，研究成果を 15 分間で話して，その後に 5 分ほど質問や議論をする「質疑応答」の時間が用意された．会場には座長が 2 人いて，発表開始を指示したり，質疑応答の時間を管理したりする．座長は，1 件あたりに割り当てられた時間（例えば，20 分間）を超過しないようにプログラムを進める役である．質問が出ないときには自ら質問して会場を盛り上げるのも座長の仕事だ．

■ 学会への参加

　学会に参加するのは，**研究成果を発表する人（発表者）**と**それを聴きにくる人（聴衆）**である．発表者も自分の発表が終わると聴衆の一人になる．学会にはスポンサー（民間企業）がいるわけではないので，発表者も聴衆も参加費を払う．

　発表者は発表開始時刻の直前に会場に入ってきたりしてはいけない．会場の前方には次講演者席が用意されている．私は，少なくとも自分の 2 件前の発表が始まるまでには会場に着くようにしていた．高速道路が混雑して，バスが遅れ，発表者が発表会場に辿り着くことができずに講演中止になったケースを目撃した．携帯電話がない時代なので，聴衆は理由もわからず，20 分間，その会場にじっとしていて，次の講演が始まるのを待つしかなかった．学会では講演の順番を繰り上げたり，入れ替えたりしない．参加者はプログラムを事前に調べて会場に来るのだから，講演の順番を勝手に変更できないのだ．

■ 口頭発表とポスター発表

　発表の種類には**口頭発表**と**ポスター発表**がある．どちらかを発表者が選べることもあれば，学会を運営する実行委員会が決めることもある．

　口頭発表は時間が決まっているので，相当の練習が必要だ．時間を守らないと，座長から「講演時間が過ぎていますので発表を終えてください」と警告され，引きずり降ろされる．ポスター発表は口頭発表ほど時間の制限は厳しくない．しかし，長く発表していると，聴き手から「それで，どうなったの？」と先を急がされるし，研究の内容への印象もわるくなる．

　ポスター発表には開発した材料の持ち込みもできる．「百聞は一見にしかず」のとおり，効果絶大である．私たちは，東京電力福島第一原子力発電所でのメルトダウン事故の後，そこで発生した汚染水の処理に取り組んだ．「汚染水からの放射性セシウムの除去用吸着繊維」を開発していた．この材料は組み紐の形をしていて，繊維の色は緑で見栄えがした．この緑の繊維をポスターの外枠に長さ 2 m ほど垂らすとお客さんが「何，これ？」と必ず寄ってきてくれた．そこからポスターの中身を説明すれば熱心に聴いてくれた．当然ながら，聴き手が来なかったポスター発表は発表しなかったに等しい．

■ 学会要旨を書く

　学会ごとに**要旨集**が作成・発行される．**発表者の原稿の要旨（Abstract）を集めた冊子**である．学会が開催される少なくとも 1 週間前までに，事前に参加申込者の手元に届く．私はそれをひととおり読み通して，聴きたい発表を選んでおき，当日，講演会場に向かう．また，その学会に行かなかったとしても，要旨集を入手すれば，内容を知ることができる．

　学会要旨の長さはたいてい A4 用紙 1 枚だ．プログラムとともに要旨集に掲載される．しかし，油断していたら，国際会議の要旨の場合，「A4で 4 ページの英語」なんていう指定があったことがあり，発表する学生と慌てて作成したことがある．

　要旨で大事なことは内容のバランスである．A4 で 1 枚なら，学生への

私の指導は次の3点.

> (1) 図を2枚入れる.
> (2) 引用文献を2〜3つ入れる.
> (3) 残りのスペースを「緒言」,「実験」,そして「結果と考察」で
>   ほぼ3等分して書く.

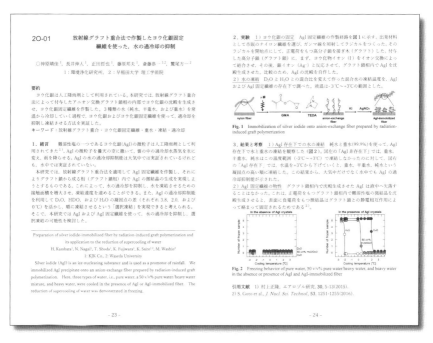

要旨集の例（「第63回放射線化学討論会講演要旨集，2020年」より）

　要旨の提出は編集や印刷の都合で学会開催日の2ヵ月ほど前なので,
要旨の提出後に実験を続けると,結果が増えたり,変わったりすることも
めずらしくない.そんなとき,発表の当日,要旨に沿って発表する必要は
ない.「発表した内容が要旨の内容と違っている」と文句を言ってくる人
はこれまでいなかった.

　要旨はあくまで，タイトルを見て，中身をざっと読んで，当日，聴いて
みようという気にさせる文書である．要旨集で読み飛ばされないように，
タイトルは練りに練ってつける．私はタイトルの候補を 3 つほど書き出
して並べ，そこからじっくり選んできた．度が過ぎると，前回と同一になっ
たりする．それだと研究の進展がないように思われるので避けたほうがよ
い．

　学会要旨の原稿のように文量に制限があるときには，**ひととおり文を書
いてから，何を削り，何を残すのかという書き手の判断が要求される**．文
の簡潔さがいっそう大切になる．書き手の作文力が試される文書が学会要
旨だ！　そう，だから，第Ⅱ部の方法（46 の鉄則）の習得が不可欠なのだ．

まとめ　学会の要旨

学会の要旨集のタイトルや内容次第で，学会の講演会場での聴衆
の人数が増減する．聴衆は多いほうがよいに決まっている．要旨
は大事に書こう．
- (1) 読み飛ばされないように，要旨集でのタイトルは，練りに練っ
  てつけよう．
- (2) 要旨はバランスが大事．図を 2 枚，引用文献を 2 〜 3 つ入
  れる．残りのスペースを「緒言」，「実験」，そして「結果と考察」
  でほぼ 3 等分して書く．
- (3) 文の簡潔さが，よりいっそう大切となる．

ひと休み　誰も拾わなかった吸着繊維

　横浜市にある神奈川大学で開催された日本海水学会のポスター発表に，緑色をした放射性セシウム除去用吸着繊維で作った組み紐を持ち込むべく，M君は，千葉大学の最寄り駅であるJR総武線西千葉駅を発ち，隣の稲毛駅でJR総武快速線に乗り換えて横浜駅をめざした．「緑のたぬき」ではなく「緑の繊維」の塊（組み紐）が入ったポリ袋を電車座席上の網棚に置いた．そして置いたまま横浜駅を降りた．学会会場で先に待っていた私の前に，ポスターを入れた長い黒い筒を肩に掛け，深刻な顔をしたM君が現れた．「先生，セシウム吸着繊維を電車に置き忘れてきました」

　私は，ある夏にやはりJR総武快速線の座席上の網棚に背広を置き忘れて品川駅で降りた．翌日，終点の逗子駅まで受け取りに行ったのを，M君の顔を見ながら思い出していた．M君は「緑の繊維」を置き忘れたのに気づいたとき，さぞ肝を冷やしただろう．私はサンプルを入れた袋を足に挟んで忘れないように集中していて，網棚に上げた背広を忘れた．一方，M君はサンプルを網棚に上げて忘れた．やはり私のほうが研究者として上だ．

　「JRの忘れ物係に電話して，緑色をした繊維の塊を探してもらえ」と指示した．「ただし，『忘れ物は放射性セシウム除去用吸着繊維です』などと詳しいことを言うな！」とM君に釘をさした．「放射性セシウム」だけが独り歩きしたら，明日の新聞の1面に「千葉大，放射性セシウム繊維を車内に置き忘れ」と出て，大騒動になるかもしれない．

　幸い，袋に入った緑の繊維の塊は，途中，誰にも拾われず，逗子駅（あるいは横須賀駅）でも拾われずに，もう一度，横浜駅を通過して，成田空港駅で回収され，何物か特定されずにいた．M君の問い合わせによって千葉大学の研究室に無事に帰還した．M君は成田空港駅に行かずに済んだ．M君のポスター発表は人気が出ずに終わった．

文書
2

仕事に区切りをつけるために書く

ペーパー（投稿論文）

■ ペーパーとは

　私は35年にわたって大学の研究室をベースにして，卒業論文や修士論文の作成を手伝ってきた．その結果として外部発表に値する成果が運よく得られたら，論文にまとめ，研究雑誌に投稿してきた．ここでいう論文とは，学位を取得するための分厚い文書のことでなく，**研究雑誌に掲載される論文**のことである．卒業論文，修士論文，そして博士論文と区別するために，研究雑誌に掲載される論文をここでは「**ペーパー（paper）**」と呼ぶ．

　ペーパーにまとめる過程で，考察が深まったり，課題が見つかったりする．また，ペーパーがあれば，研究助成の申請書での業績欄が充実し，信頼されて有利である．

■ うれしかった日本の学会が発行する英文誌

　ペーパーを日本語で書いて日本の研究雑誌に投稿するのか，英語で書いて海外の研究雑誌に投稿するのか，それが問題だ．私の場合，1報目と2報目は「化学工学論文集」と「日本海水学会誌」という和文誌に投稿した．博士課程2年目の秋に日本語で書いた．3報目は「Journal of Nuclear Science and Technology」という日本原子力学会の英文誌に投稿した．日本の学会が発行する英文誌なので，英語で投稿するけれども，手紙のやりとりや査読者からのコメントに対する回答は日本語でよいのでうれしかった．

　それぞれの雑誌には，**投稿のルール集「投稿規定」**があった．それに沿って原稿が作られていないと編集委員会から返却された．手っ取り早いのはルール集を読むよりも，**実際に審査を通ってその雑誌に掲載されてい**

るペーパーを見本にして書くことだ．形式をまねすれば，後は内容の勝負
となる．

■ ペーパーに対する貴重なアドバイス

　私が大学院生の時代，研究の進み具合が絶不調だったので，その分，周
囲からのアドバイスが身に染みた．まじめな場面ではなく，研究室旅行で
の飲み会のときに，研究室の先輩が自身のペーパー作成体験を話してくれ
た．また，研究室対抗スポーツ大会での夕方からの懇親会のときに，ポテ
トチップスや柿の種をつまみにしてビールを飲みながら，他の研究室の先
輩や教員が声をかけてくれた．それらの会話がためになった．とても役立っ
たアドバイスを紹介したい．

（1）アドバイス① 「ヒットでいい」

　「斎藤君，まさか，ホームランを狙っていないよね．野球で考えてごらん．
ホームラン１本で１点だけど，ヒット３本でも１点は取れるでしょ．だ
から，**『すごい』ペーパーを出そうなんて思っていると，いつまでも書け
ないよ．** さっさとペーパーにまとめてみなよ」

　なるほどと納得した．私が専攻した「化学工学」という学問は，化学を
社会に実装させて役立てる学問なので，大発明はあっても，大発見はあま
り期待できない．もともと「すごい」ペーパーを出すことは難しい．

　うまくいくはずと思って研究を始める．しかし，研究はうまくいくとは限らない．しかも，大学では，研究を指導するのは教員だけれども，研究を実施するのは学生である．研究室で活躍する学生には，学部4年生から博士3年生までいて6年の差がある．研究室を『研究小学校』と見なすと，1年生から6年生までがいる．学部4年生（小学1年生）がすごい研究をしたらむしろ驚きなのだ．学生はじっくり育てないといけないのだ．研究を通して教育をするのが大学だということを理解せずに，「研究，研究」という人がいるのは困る．

　私の研究室の研究テーマは，理論ではなく，実験が中心であった．だから，学生が実験をして，結果の中で，信頼できる・め・ず・ら・し・いまたは・ま・じ・め・な図面を1枚でもよいから出せるように指導してきた．**その図面1枚あればペーパーとして雑誌へ投稿する価値が生じる．**

(2) アドバイス②「英文2つ出したら，和文1つ出す」

　つぎにためになったアドバイスはS教授からいただいた．「英語のペーパーと日本語のペーパー，どうバランスしていますか？」と学会で久しぶりにお会いしたときに聞いた．ひと回り年齢が上の先生であり，学生時代に講義を受け，その後も薫陶を受けていた．すると，「**英語で2つ書いたら，日本語で1つ書いたら**」と奨めてくれた．その数値に根拠はなかったと思う．

　私はこの数字で気楽になった．そうしてみようと思った．それまで，「英文でないペーパーは評価されないぞ」と言う先生も多くいた．今もそんな圧力が日本の研究者に掛かり続けている．

　「日本語文のレベルよりうまい文を英語で書けない」そして「言語能力は使っていないと低下する」というのは当然のこと．したがって，**英語の原稿と日本語の原稿を交互に真剣に書いて，雑誌へ投稿していくと，相乗効果で英語，日本語とも能力が落ちない**と私は信じている．ただし，所属する組織が「論文書くなら英語」という方針が大勢なら，あえて日本語でのペーパー投稿に固執はできないだろうが……

　日本語論文を同じ雑誌に投稿し続けて，査読を通すのはたいへんである．対戦相手である査読者が固定されてくるからである．「前のペーパーからどのくらい進んでいるんですか？」は「内容が大きく進んでいないじゃない！」と読み取れる．こうした直球のコメントが来る．知り過ぎた査読者は厳しい．そうなったら私は，別の投稿先を探す．査読者と冷却期間を置くようにしている．

■ ペーパーを書く

（1）論文の構成

　論文はふつう，次のような項目で構成される．

> ・要旨
> ・緒言
> ・実験
> ・結果と考察
> ・結論
> ・謝辞
> ・引用文献

（2）論文の例

題名　海水中のセシウム除去のための吸着繊維の作製

著者名　岡村雄介，……
所属　千葉大学工学部共生応用化学科
住所　〒263-8522　千葉市稲毛区弥生町1-33

要旨

さまざまな接触方式で海水から放射性セシウムを高速除去できる…………

1．緒言

　東日本大震災後に，東京電力福島第一原子力発電所から，多量の放射性物質が……

　これまでに，水中からセシウム除去用の吸着材として，ゼオライト，不溶性フェロシアン化金属，……

　われわれは，無機化合物（不溶性フェロシアン化金属）を有機化合物（合成繊維）に担持した……

　本研究の目的はつぎの3点である．(1) ハイブリッド吸着繊維の大量製造を……

2．実験

2.1 材料および試薬

　グラフト重合用の基材として市販の6-ナイロン繊維（東レ㈱製，繊維直径40 μm）を用いた．……

2.2 不溶性フェロシアン化コバルト担持繊維の作製

　不溶性フェロシアン化コバルト担持繊維の作製経路をFig. 1に示す．作製経路は……

　東京電力福島第一原子力発電所の周辺で発生するセシウム汚染水の除染には……

2.3 不溶性フェロシアン化コバルト担持繊維の物性の測定

KCo-HCFe(x) 繊維の断面を走査電子顕微鏡 - エネルギー分散型 X 線分析装置（SEM-EDS，日本電子㈱ JSM-6510A）……

2.4 バッチ法による海水からのセシウム吸着速度および吸着等温線の測定

海水中からのセシウム除去性能を評価するために，本研究で作製した吸着繊維へのセシウムの吸着速度および吸着等温線を測定した．……

セシウム濃度が 0.5 ～ 10 ppm の範囲になるように人工海水に塩化セシウムを溶かして，……

3. 結果と考察

3.1 吸着繊維の物性

ボビンの形状をしたナイロン繊維を基材として用いて，Fig. 1 の作製経路に従って，Fig. 2 に示す反応装置を使って，……

KCo-HCFe(0) 繊維の断面での鉄およびコバルトの元素分布を Fig. 3 に示す．鉄とコバルトの元素ともに繊維の周縁部に……

ヘリウムガスおおび合成空気雰囲気中，500℃で，KCo-HCF(0.25) 繊維を熱分解して得られた GC-MS スペクトルを……

重量減少率と温度との関係を Fig. 5 に示す．500℃では，基材であるナイロン繊維と担体である DMAEMA 繊維の……

3.2 セシウムの吸着速度

バッチ法での海水中のセシウム濃度の経時変化を Fig. 6 に示す．同図中に日本原子力学会のデータからのゼオライトのデータ……

3.3 セシウムの吸着等温線

KCo-HCFe(0) 繊維の海水中のセシウムに対する吸着等温線を Figs. 7(a) および (b) に示す．横軸および縦軸は，それぞれ……

KCo-HCFe(0) 繊維の吸着等温線を，Langmuir 式に整理すると，次式で表される．……

4. 結論

　放射線グラフト重合法を適用して，ボビンの形状をしたナイロン繊維を基材として用いて，アニオン交換基をもつビニルモノマー……

謝辞

　海水を採取し，提供してくださった財団法人塩事業センター海水総合研究所の吉川直人氏に感謝いたします．……

引用文献

1) A. Dyer, "An Introduction to Zeolite Molecular Sieves", John Wiley and Sons, Bath Press Ltd., Avon, UK, (1988).
2) J. Lehto, R. Haruja and J. Wallace, J. Radioanal. Nucl. Chem., **111**, 297-304 (1987).
……
20) ……

(3) 緒言が大事

　　ペーパーに対する印象のよしあしは**「緒言」に大きく左右される**．「緒言」は英語では introduction である．映画で言うと「予告編」にあたり，**読者を増やせるかどうかの大事な部分である**．

　　そのペーパーが関連する研究分野での大きな課題から，それを解決することをめざしてそのペーパーが取りあげた小さな目的へと文をつなげていく．例えば，

> レアアースは希少資源であり，しかも埋蔵地域が遍在していることから，レアアースのリサイクル利用は必須である．そのリサイクル技術のひとつに高分子製吸着材を使う吸着法がある．本研究は，抽出試薬を固定した繊維を作製し，レアアース，特に，ネオジムとジスプロシウムの分離精製での繊維の性能を調べることを目的とする．

といった具合に，**大きな課題（レアアースのリサイクル）を小さな目的（Ndと Dy を分離精製できる繊維の作製と性能評価）に落とし込んでいく**．

　　読者が「これは読んでみたい，読んでおいたほうがよさそうだ」と思ってもらえるように「緒言」をつくる．そのために，

> ・研究課題の現状と残された問題点
> ・それを解決する手法や手段の紹介
> ・そして自分の着目点，工夫，提案

を述べるのが「緒言」である．

　　緒言はペーパー全体を意識して書くのだ．ベクトルは着地点である「結論」に向かっている．ペーパーを提出する段階での項目の順番は，第 II 部の文書の鉄則で習うように「要旨」「緒言」「実験」「結果と考察」「結論」「謝辞」「引用文献」となる．これに対して，ペーパーの原稿を作成する段階では，次の順番で書くのがお奨めだ．

> 1. 採用する図表を選び並べて，ペーパーのストーリーを決める．
> 2. ペーパーの仮題を決める．
> 3. 「実験」を書く．
> 4. 「結果と考察」を書く．
> 5. 「結論」をまとめる．
> 6. <u>いよいよ「緒言」を書く．</u>
> 7. 「謝辞」「引用文献」「要旨」を書く．
> 8. ペーパーの正式な題名を決める．

　結論で述べることについて，読み手が「なるほど，そんなこと見つけたんだ」「そうか，そうやるとうまくいくんだ」と思ってもらえるように「緒言」を構成する．結論を書いてから先頭に戻って緒言を書けばよい．

　多くの人の目の前で，実験を見せたり，黒板に理論を書き並べたりすることはできない．研究成果は文章を使って伝えるしかないのだ！　そのために，何よりも先に第Ⅱ部の方法（46 の鉄則）を習得してほしい．

まとめ ペーパー（投稿論文）

研究成果を世に広めるために研究雑誌に投稿し，審査を経てペーパーを掲載してもらう．そのためには，複数の査読者（reviewer）や編集長（editor）と文面で忍耐強く，格闘する覚悟がいる．

(1) 投稿する雑誌に掲載されているペーパーを見本にして書く．

(2) ペーパーに対する印象のよしあしは「緒言」で決まる．読者を増やせるかどうかの大事な部分である．

(3) 原稿執筆の順番は，次のようにする．

「実験」➡「結果と考察」➡「結論」➡「緒言」

ひと休み 「ペーパーはウンコ」論

　最近，『うんこ漢字ドリル』(2017 年，文響社) が流行ったので「ウンコ」という言葉をさらっと使えるようになってよかった.

先輩：「ペーパー，書いた？　よいペーパー，書こうとしちゃだめだよ．ウンコを出すつもりでペーパーを書いたらいいよ」

私　：「ウンコですか？」

先輩：「そうそう，青春の大事な時間を使って，研究費を使って，頭も少しは使ったんだから，その成果を自分の内部に溜めてはだめだよ．ウンコだと思ってペーパーを出しなよ！　すばらしい成果でなくてもいいんだよ．自分がウンコだと思っている結果でも，世間はよい結果だと思ってくれることもあるんだから」

　私はなるほどと思った．私はそれ以来，せっせと「ウンコ」いや「蘊蓄」の多い原稿を雑誌へ投稿してきた．原稿は査読を経て，ペーパーとして掲載されている．「ウンコ」やら「ペーパー」やら，なんだかトイレの話になってきてしまった.

研究資金を集めるために書く

研究費の申請書

■ 研究費の分類

研究を始めるにも，続けるにも，そして終えるにも，お金がいる．終えるときには，装置を撤収・処分したり，試薬を廃棄したり，実験室を掃除・改装したりするのでお金が要る．開始するときには勢いがあって希望が膨らんでいくので楽しいが，終了するときは萎んでいくのでつらい．

さて，研究費を自分で出すなら，申請書は必要ない．しかし，多くの場合，どこかの誰かに出してもらう．大学なら，

- **科学研究費補助金**（略して，**科研費**）
- **科学技術振興機構**（略して，**JST**）
- **新エネルギー・産業技術総合開発機構**（略して，**NEDO**）

といった機関の大型研究資金や，さらには，民間の助成金である．

こうした組織からお金を出してもらうには申請書を提出する．その申請書に基づく審査，場合によっては面接による審査が実施される．採択されれば，まずはめでたしめでたしである．

このほかに省庁の研究資金もある．財務省，経産省，厚労省，環境省などが，企業からテーマを公募し，委託して研究を実施することがある．民間企業と大学とがチームを組んで申請することもできる．どこからもらっても，研究費はもらってからが恐ろしい．採択されてうれしいのは一瞬だ．大ざっぱに言えば，出してもらった金額に比例した，厚い報告書と多数の論文や特許が求められる．覚悟がないと迫力のある申請書は書けない．

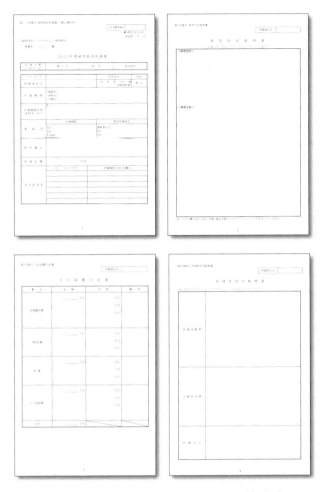

研究助成申請書の例（ソルト・サイエンス研究財団）

■ 研究費の重さ

　私の場合，35年間で金額の多い3つの研究費をもらい，それぞれの修羅場を味わった．科研費，JST，そして財務省から研究費をもらって研究をしたときである．しんどかったので，よく覚えている．

（1）科研費「重点領域研究」

　まずは，助手時代の科研費の話である．「特別推進研究　エネルギー重点

領域研究」という大きなグループが科研費のなかにつくられた．そのうちのひとつのテーマが「海水ウラン採取」だった．6つの大学で班を作って研究を6年間続けた．毎年3000万円超が班全体に交付された．3年目に外部からの中間評価がなされて成果が上がっていないと，残り3年，継続できない．この「海水ウラン採取」班を率いた班長のお膝元の助手だったので，会合の設定，会計処理，そして書類作成に関わった．もちろん数名の学生を指導して研究も進めた．

　3年目の夏を過ぎて，私が息切れして弱音を吐いていたら，班の一員でいらした熊本大学の江川博明先生から，「きみがやらんと，だれがやる！」と熊本弁で喝が入った．阿蘇の「高菜ご飯」を食べに連れて行ってくださる車中で肩を触れながらの会話であった．江川先生は海水ウラン採取用吸着材を開発した先生だった．困難を乗り越えて研究をやり遂げようとする情熱を感じた．

(2) JST「さきがけ」

　つぎに，助教授時代のJSTからの「個人研究　さきがけ」．1年間に1000万円超の研究費で3年間，「形とはたらき」という大きなテーマのもとに，生物学，物理学，農学，化学など，さまざまな分野から研究者15名が集まった．若いのにすでに著名な研究者が数名いた．

　最初の会合の冒頭で，班長でいらしたM先生から「ペーパーを書くことを気にせずに，スケールの大きな，誰も挑戦していない研究をしてください」という挨拶があった．私は「夢のようだ」と思った．その会合の夜の懇親会で，班のアドバイザーのS先生から，私を含む数名の研究者が集められ，「君たちはこの班の業績を上げるために，ペーパー数を稼ぐんだよ」と通告された．「やはり夢だった」．

　私の研究室には博士課程の川喜田英孝さん(現在, 佐賀大学教授)がいて，追い詰められた状況から，よいアイデアが生まれて成果が出た．班員全員がホテルに缶詰にされて，毎年，「計画発表会」，「中間報告会」，そして「最終報告会」が開催された．そこに成果を持っていかないと，きつかった．

（3）塩事業センターの受託研究

　３つめは，教授時代の公益財団法人塩事業センターからの委託研究．塩事業センターが財務省から受託した研究だった．テーマは「製塩用電気透析装置に使う高性能イオン交換膜の開発」．

　私たちの食卓にある塩（食卓塩）は，現在，砂浜の塩田で作ってはいない．海水を汲み上げて，砂ろ過し，電気透析槽という装置に通して，海水の約７倍までに塩分濃度を高め，さらに，真空式蒸発装置を使って塩の結晶を析出させている．天日塩が海外から輸入され，人口が減り，さらに食生活での減塩傾向があるため，製塩業界の経営は厳しくなっている．

　そこで，現在の製塩プロセスを改良して製塩コストを下げようという意識が高まった．電気透析槽に搭載されているイオン交換膜の性能を高めつつ，製塩コストを下げようというわけだ．第一目標は，現在，使用されているイオン交換膜（以後，「現行膜」と呼ぶ）の性能を何はさておき超えることだ．そう簡単ではない．現行膜は多くの技術者の努力の賜物なのだ．予想どおり，私たちが新しい手法で作ってはみても，性能が出なかった．

　神奈川県小田原市酒匂にある湘南海岸に面した塩事業センター海水総合研究所の海の見える会議室で定期報告会が行われた．きちんとした文面の報告書を作成して説明しても，会議のメンバーの興味は「現行膜の性能を超えたのかどうか」だけであった．超えていないうちは，質問も出なかった．

　千葉大学の修士課程を修了し，会社に就職して１年目の三好和義さんに，会社を退職し，研究室に研究員として戻ってもらった．三好さんの給料を含めて毎年1200万円の研究費をもらっていたので，三好さんも私も必死だった．三好さんのもとに集まった学生たちと腕力と知恵を合わせていくうちに３年目に入ってようやく現行膜の性能をわずかに超えることができた．

　こうしたプロジェクトでは，ペーパーを出してもまったく評価されないことを味わった．「屁理屈はいいから，目標を超えろ！」

■ 申請書を書く

私の教授時代（所属：千葉大学工学部共生応用化学科），毎年，学部 4 年生と大学院生（修士課程と博士課程）合わせて 10 名ほどを指導した．学生 1 名につき月 4 万円として，1 年間に約 50 万円の研究費が必要である．学生 10 名分で毎年 500 万円を外部から集めることをめざした．大学から支援される研究費は研究室の光熱水料，事務費などに使った．

外部資金とは，科研費や各省庁の補助金といった国，民間の研究助成財団，そして民間企業からの研究資金である．いずれにしても電話やメールでお願いするわけではなく，応募書類や提案書を作成し申請する．**その申請書の出来具合によって採択可否や金額が決まる．**

私が申請書を書くときに心掛けていることをそっと教えよう．ただし，これを心掛けても採択されるという保証はない．

（1）フォントやサイズに気を配る

読みやすいフォントやサイズを選ぶ．老練な審査員がルーペを持って添え字を読ませられたら，「小さすぎて読めない！」と，松岡修造さんのように申請書を放り投げるだろう．フォント（ほんと）の話である．

―― 本書の本文は約 9.5 Pt（13.5 級）

　研究を始めるにも，続けるにも，そして終えるにも，お金がいる．終えるときには，装置を撤収・処分したり，試薬を廃棄したり，実験室を掃除・改装したりするのでお金が要る．

―― 8 Pt（約 11 級）

　研究を始めるにも，続けるにも，そして終えるにも，お金がいる．終えるときには，装置を撤収・処分したり，試薬を廃棄したり，実験室を掃除・改装したりするのでお金が要る．

―― 11 Pt（約 15.5 級）

（2）マージンをとって文量を適度にする

　この"適度"が難しいけれども，申請書の上下左右の枠まで，びっしりと書かれたら，申請書を見た瞬間，審査員はこう叫ぶ．「読まされる身になってみろ！」

■ 申請書を書く

　私の教授時代（所属：千葉大学工学部共生応用化学科），毎年，学部4年生と大学院生（修士課程と博士課程）合わせて10名ほどを指導した．学生1名につき月4万円として，1年間に約50万円の研究費が必要である．学生10名分で毎年500万円を外部から集めることをめざした．大学から支援される研究費は研究室の光熱水料，事務費などに使った．

　外部資金とは，科研費や各省庁の補助金といった国，民間の研究助成財団，そして民間企業からの研究資金である．

■ 申請書を書く

　私の教授時代（所属：千葉大学工学部共生応用化学科），毎年，学部4年生と大学院生（修士課程と博士課程）合わせて10名ほどを指導した．学生1名につき月4万円として，1年間に約50万円の研究費が必要である．学生10名分で毎年500万円を外部から集めることをめざした．大学から支援される研究費は研究室の光熱水料，事務費などに使った．

　外部資金とは，科研費や各省庁の補助金といった国，民間の研究助成財団，そして民間企業からの研究資金である．いずれにしても電話やメールでお願いするわけではなく，応募書類や提案書を作成し申請する．

本書の外側の余白は約17ミリ

右の例のように余白がないと読む気がなくなってしまう

（3）図やイラストを使って内容を理解しやすくする

　文だけを読ませて，原理，実験装置，実験方法を想像させるのは酷である．文の内容に沿って丁寧な図面があると"ホッ"とする．一方，ごちゃごちゃした図面があると"カッ"とする．審査員は"ほっともっと"を望んでいる．

　こうなると，申請書は中身ではない．2005年に出版された『人は見た目が9割』（新潮新書）というタイトルの新書がベストセラーになった．私に言わせると，**「申請書は見た目が8割」**だ（9割と言いたいところだが…）．採択率が10%程度の場合もある．自己中心の文書はなにしろダメなのだ．研究費は空から降ってはこない．

　読み手がサービス精神を書き手から感じる文書を作ろう！　そのとき，第II部で学ぶ46の鉄則に従ったサービスが要求される．

まとめ 研究費の申請書

実験研究では，アイデアを出したり，考察を深めたりするにはお金がかからないにしても，試薬や器具の購入費用，分析費用といった研究費が必要だ．たまには便利な器械や装置も揃えたい．申請書を提出して研究費を獲得するためには，採択を決める複数の審査員から「この研究者に助成すれば資金を有効に使って課題を解決していくだろう」という信頼を勝ち取る工夫が要る．自分勝手な文書を書いていてはだめだ．

(1)「申請書は見た目が8割」．読み手がサービス精神を書き手から感じる文書を作る．

(2) 読みやすいフォントやサイズを選び，マージンをとって適度な文量とする．図やイラストを使って内容を理解しやすくする．

ひと休み 交番で学んだ申請書作成の精神

　私の助手時代（所属は東京大学工学部化学工学科）の研究テーマは「海水ウラン採取」だった．もう30年も前の話だ．海水中でウランを特異的に捕捉する化学構造（官能基）をもつ吸着材を自作し，人工海水ではなく実海水に接触させて吸着材へのウランの吸着速度を測定した．"実"海水は，東京都港区竹芝桟橋にある伊豆七島海運㈱から購入した．伊豆七島海運㈱は太平洋上伊豆七島のひとつである御蔵島の沖からきれいな海水を運んで来て，都内の水族館に輸送している．

　大学近くで荷物輸送用のレンタカーを借り，空の18 Lポリタンクを20個ほど積み，研究室のある建物前から学生2人を乗せて軽々と出発した．帰りは18 kg×20個で360 kgの海水となるため，重くなる．

　大学を出て最初の交差点で右折したときに，私は長い車の運転に慣れていなかったので，車の後部左側面をガードレールで擦った．「事故を起こしたときには警察から事故証明をとってください」とレンタカーを借りるときに言われたのを思い出し，車を路肩に止め，交差点の交番に駆け込んだ．

　交番にはお巡りさんが2名いた．1名は私の事故証明書づくりに付き合った．もう1名は交番の入口に立っていた．信号が変わると，交番の向こう側の地下鉄「本郷三丁目駅」方面からたくさんの人が交番に向かうように交差点を渡ってきた．そのたびに，交番に数名の人が来て「○○旅館はどこですか？」「○○門はどっちですか？」「○○病院へ行きたいんですが……」と道案内を頼んできた．今のようにスマホなど持っていない時代である．

　お巡りさんはていねいに対応していた．私はこの道案内の頻度に驚いた．道を尋ねに来る人は自分だけが聞きに来ていると思っているように見えた．しかし，お巡りさんは多くの人（1時間に20名ほど）に対応しているのだ．

　この交番での情景を申請書版に言い換えると，「申請書を出す人は自分だけが申請書を提出したと思っているが，審査員にはたくさんの申請書（50件ほど）が来ている」になる．これを，申請書を書く意識の出発点にしよう．

　審査員（私だったら）はお巡りさんよりも不親切である．日本の科学技術発展のために，若手研究者を支援するために，最後には謝金を受け取るためにと自分に言い聞かせて，申請書を読むけれども，審査員（私だったら）は善意の塊ではない．そのうえ，採択率や評価点の割合を指定されていたら，内容の説明不足や書類の不備を理由に評価を下げたいのだ．審査を依頼されて，申請書全部によい評価をつけたら，審査したことにならないからである．

知名度を上げるために書く

解説記事

■ 解説記事とは

「解説記事」は，書くのも読むのも楽しみである．解説記事の執筆依頼は，学会誌編集委員会からの場合と，業界誌の編集者からの場合がある．学会などでアピールしたり，同じテーマでの発表を続けたり，社会のニーズに合っていたりすると，研究者に執筆依頼が来る．

解説記事では，原稿をいちおうは審査されるけれども，依頼されて書いているのだから拒絶されることはほとんどない．解説記事は専門外の研究者や技術者も読むだろう．解説記事とペーパーを比べると，解説記事では研究の背景（入口）や目標（出口）をたっぷりと述べてよいこと，そして実験結果の意義や価値をみっちりと説明してよいことが特徴である．

■ 私が今あるのはボスのおかげ

「この分野で先端を走られている先生にご執筆いただきたい」「今度の特集には第一人者でいらっしゃる先生の原稿がないと困ります」なんて誘われたら，若い研究者は舞い上がってしまうだろう．しかし，考えてほしい．あなたのボスも舞い上がりたいはずだ．自分が現在のポジションに就いているのは，学生時代から育ててくれた，あるいはスタッフとして採用してくれたボスのおかげだと思ったら，ボスと連名で解説記事を書いてほしい．

あなたが 40 〜 50 歳ならボスは 55 〜 65 歳くらいだろう．あなたは上り調子，一方，ボスは下り調子だ．歳をとるほど研究能力が高まるとは限らない．歳をとって，文章の勢いも落ちているだろう．だからこそ，「若い研究者は老いた研究者に気を遣ってほしい」と，今やボスになった私は言いたい．

■ 解説記事を書く

　解説記事は査読がほとんどないと思ってよい．自己責任の範囲で，思い切って書ける．逆に言うと，ペーパーの調子で書いてはつまらない．何よりも，学会誌ならコピーした読み手が「読んで得した」，商業誌なら購入した読み手が「買って得した」と思ってもらえる記事を書こう．

　「研究を始めたきっかけ」，「想定外の結果」，「期待される応用」など，ペーパーでは書けないことも書ける．著者の写真や趣味を記載してくれることもある．以前，大学院博士課程の学生を含めて4人の著者で解説記事を書いたときに，趣味を動物シリーズにしてお茶目な記事になったが，修正の指示はなかった．「猫」「馬」「魚」「犬」である．「馬」と「魚」は，それぞれ競馬好きと渓流釣り好きな学生であった．

　「文章を書くルールを学んで『守』り，存分に鍛錬したのち，定番の殻を『破』り，そこから『離』れて初めて，個性のある文章が生まれるんだ」と先輩の先生から教わった．道を究める極意『守破離』である．言い換えると，「基礎がないと個性は生まれない」ということだ．または，「バネを

縮めて，力を溜めて，それからその力を勢いよく放つ」そんなイメージでもよい．第 II 部の方法（46 の鉄則）を習得して基礎を身につけよう．

■ 私の専門書出版大作戦

　私は 1984 年からこれまで「放射線グラフト重合法」という高分子（ポリマー）の改質手法を使って，分離操作に役立つ材料を，実用化をめざして作製してきた．詳しく説明すると，まず，市販されているポリマー材料（例えば，ナイロン繊維）に放射線（電子線やガンマ線）を当てて，ポリマー材料中の化学結合の一部を切断する．つぎに，その切断したときに生じるラジカル（活性点）を開始点にして新しいポリマー鎖を取りつける．さらに，そのポリマー鎖に，有用なイオン，または有害なイオンを捕捉する化学構造（官能基）を導入する．

　有用なイオンの例は貴金属のひとつであるパラジウム（Pd）イオンである．一方，有害なイオンの例は放射性セシウム（Cs）イオンである．私たちの研究成果が民間企業で活用され，大量製造されて実用まで至ったこともある．東京電力福島第一原子力発電所（1F，「いちえふ」と読む）に採用された放射性セシウム除去用吸着繊維がその例である．

　1F のメルトダウン事故に伴う放射性物質，特に放射性セシウムが 1F 周辺に放出されて日本中が大騒ぎになった．汚染水中の放射性物質を吸着除去するために，さまざまな吸着材が作製された．千葉大学で開発した繊維の形をした吸着材が注目されるように，吸着繊維『GAGA』と名づけた．当時，成田空港に降り立ち，「日本は大丈夫だ」と全世界に呼びかけ，2 億 4 千万円の寄付をしたレディー・ガガ（Lady Gaga）さんに敬意を表して名づけた．空港で会見の場に立ったガガさんの髪の色と吸着繊維の色がともに「緑」で似ていたからだ．

　この命名に対してインターネット上では「不謹慎な研究グループ」と非難され，研究費がほとんど集まらなかった．翌年は周囲の人が誤解を解いてくれて研究費が集まるようになった．

　私たちの研究成果は，高校の教科書はもちろんのこと，大学の教科書に

千葉大学で開発した吸着繊維『GAGA』（左），GAGA を使用した港湾設置モール（右上）とそれを設置している様子（右下）．

掲載されるわけでもなく，新聞記事に採択されるわけでもない．自ら発信しないかぎり，世の中に技術として認知されることはまずない．そこで，10 年に一度の頻度で「放射線グラフト重合法」の専門書を出版することにした．10 年の間に，私の研究室で卒業論文，修士論文，そして博士論文を作成する学生が新しい研究成果を地道に積み上げていくので，内容を追加・改訂することが必要だからである．

　専門書を出版して書店に並べるのはそう簡単なことではない．そこで，次の 3 つの出版戦略を立てた．

1. 印税を著者は放棄する
2. 初版部数の 25％ほどを著者（研究室）が購入する
3. 講義や講演で著者自ら PR する

　今の時代，本が売れずに出版業界の経営は厳しい．しかし，売れないからといって本を出さない出版社はもはや出版社でない．だから，出版しやすい環境を著者が提案すればよい（その先のことは 41 ページのコラムを読んでください）．

まとめ 解説記事

学会の会員や業界の人々が，ペーパーに比べて気軽に読んでみようと思う文書が解説記事である．著者や研究課題の知名度が上がって，共同研究のきっかけにもなるだろうし，すでに掲載されている著者のペーパーへ関心を誘導することもできるだろう．解説記事の原稿を依頼されるのは光栄でもあり，売込のチャンスでもある．学会誌ならコピーした読み手が「読んで得した」，商業誌なら購入した読み手が「買って得した」と思ってもらえる内容の記事を書く．

ひと休み　　　　　　　　印税生活への道

　印税とは出版社が著者に支払う著作権使用料である．著者が印税を放棄すれば出版社は出版費用を減らせる．また，出版日の時点で初版部数の25%ほどが売れていると出版社の営業部はうれしい．さらに，著者が担当の講義や依頼された講演会でPRしてくれるなら出版社はありがたい．私はこうした出版の仕組みや厳しい状況を学生に説明した後に，こう言う．

　「……というわけで，私が専門書を書くのはボランティア活動なんだ！私の財布にはお金は入らないんだ．だから，買ってね」

　出版社の企画会議で，編集長と営業部門長が出版に賛成しないと本は世の中にけっして出ない．もちろん，価値のない内容の本を出すと，出版社の信頼を失うから，専門書を企画したときには，分野が近い専門家に原稿を読んでもらい，「出版ゴー」の意見を予め聴取している．

　私たちの研究グループの成果をまとめた本は幸いにもこれまで4冊，世に出ている．そして数年かけて売りつくすと，増刷せずに「在庫切れという名の絶版」になる．今は「絶版」と呼ぶと，本を絶命させたようで聞こえがわるいので，「在庫切れ」と呼ぶことになっている．私たちの専門書は確かに増刷しても売れないだろう．電子書籍なら絶版がないと聞いて，英語版を2018年に作った．読者を世界に拡げてもやはり専門書の売行きは振るわないことを学んだ．当然のように，英語版の出版元，Springer Nature 社からの印税はゼロであった．

　私たちの専門書を最初に出版してくれたのは丸善（丸善出版）で，担当は中村修司さんだ．当時，東大の駒場キャンパスでの「理系のサバイバル英語入門」ゼミに300人の学生が出席していた．私は進行役かつ初めの3回の講義担当者だった．上手に講義すれば，専門書も購入してもらえると考えた．中村さんに本を100冊，駒場キャンパスの大教室まで運んでもらい，3回目の講義の終了時に本のPRをしてその場で売った．著者割引の2割引とした．釣銭も十分に用意した．だが，7冊しか売れなかった．学生の財布のひもは固かった．

第Ⅱ部
方 法

どうやって書くか
46 の鉄則

基本の鉄則

語句の鉄則

文の鉄則

段落の鉄則

文書の鉄則

おまけ

　ここからは理系文書を書くための方法を述べる．たくさんの本を読んだからといって作文がうまくなるわけではない．ここで示す理系作文の鉄則に従って書くようにすれば，自信をもって文書を作れるようになるはずである．

　文書は，「語句➡文➡段落➡文書」の積み上げだ．それぞれには鉄則がある．それに，「作文の心構え」の鉄則を 7 つ加え，計 46 の鉄則を示した．最後には，「作文の処世術」を 3 つ，おまけとして紹介した．

〈 基本 〉の鉄則 1 ～ 7　　　理系文書を作る心構え
〈 語句 〉の鉄則 8 ～ 21　　文の部品の使い方
〈 文 〉の鉄則 22 ～ 31　　段落の部品の作り方
〈 段落 〉の鉄則 32 ～ 37　　文書の型の作り方
〈 文書 〉の鉄則 38 ～ 46　　段落の形式の整え方
おまけ　1 ～ 3　　　　　　世の中の渡り方

　項目によっては練習問題もついているので，活用してください．

◆ 理系作文の鉄則 46 のねらい ◆

理系文書

〈文書〉の鉄則　段落の形式の整え方

文書（ここでは，ペーパー）には規定がある．規定された形式に合わせて段落を並べる．積み上げの最終段階とは言っても，段落が作ってあれば難しい作業ではない．頂上が見えてきてむしろ楽しい作業である．

〈段落〉の鉄則　文書の型の作り方

文をつなげて段落にすると，ようやく文書の骨組みが見えてくる．キーワードを数珠つなぎにしながら，3〜6つの文からなる塊を作ろう．そのためには前後の文を見比べて進む丁寧な作業が必要である．

〈文〉の鉄則　段落の部品の作り方

文書は段落を集めて作る．段落は文をつなげて作る．文は語句を組み合わせて作る．そのなかで中核をなすのは文である．ここでは，文を，簡潔に，正しく，数値を使って書く技法や構造を学ぶ．

〈語句〉の鉄則　文の部品の使い方

語句という部品から文を作る．その文をつなぐと段落になる．そして段落を並べると文書になる．最初に，文の部品である語句のルールを確認する．部品が不完全では，それから作る文，段落，文書，すべてが台無しになってしまう．

〈基本〉の鉄則　理系文書を作る心構え

理系文書を作るときの心構えをまとめた．心構えを知らないで書くと，できあがった文書は「砂上の楼閣」のように不安定である．崩れ落ちないように基本を確認してから文書を作ろう．

鉄則1

読み手を想定して書く

基本

　読み手を想定し，書き手はその読み手と会話をしながら文章を書いていく．これが文書作成の究極の技法である．

　卒論生や修論生が報告書を書いて，見せにやって来る．読み手は研究室に配属される予定の新4年生だ．初めの数行を読んで学生にこう言う．「君がこの研究にとりかかった当時に戻って，これを読んだとして，これで君，わかるの？」「………」

　自分が読み手として初めて読んだとき，わからずに困ったことを忘れ，自分が書き手の側に回ったときには，わからなかったことを平然と書いているわけだ．学生にはその気はないにしても，厳しく言うと，ゴーマンな態度をとっているのだ．自分が今，進めている研究の内容をまったく知らなかった昔の自分と今の自分の会話の中から，読んで理解できる文章や段落が生まれてくる．

　日記（交換日記は除いて）を書くのと対極にあるのが理系の文書づくりである．読んでもらえて，しかも，わかってもらえて，なんぼの世界なのである．ラブレターを書いているつもりで書くのなら，「こう書いたら，こう伝わるだろう」とていねいに話を進めて書くだろう．

　読み手を想定し，その読み手の反応を考えながら書き進めるのが理系の作文である．

鉄則2

自己流で書くのは 10 年早い

基本

　怖いもの知らずの学生が多い．「怖いもの」とは，大人の研究者や技術者からなる社会のことである．「報告書や論文は読んでもらえてなんぼ」「伝わってなんぼ」ということを学生はわかっていないから，自己流で文章を書く．

　学生が初めから論文を書けるはずもないのである．私もそうだった．学生には，**初めのうちは徹底的に文献のまねをして，「まねのつぎはぎだらけ」の論文を作成してほしい．**そのためには，自分の書きたいことを表現している文が載っている文献を辛抱強く，たくさん探し出す必要がある．

　学生に「原稿を書いてみなさい」と言って，数週間後に提出されてきた原稿を読み，どう見てもまねをしていないと思われる箇所を指摘して「ここ，自分で書いたの?」と聞いて，明るく「はい」と学生が答えたときには「10 年早い」と言い渡してきた．原稿半逮捕だ．

　そのときに「こんどこそ」と思う学生は見込みがある．「どうせ先生に直されるから」と悟る学生に未来はない．学生と先生との原稿の往復の回数は，学生指導に対する先生の熱意（気力）とそのときの雑用の多少が決める．自分の能力を高めたいと願う学生と，育てたいと願う先生による真剣勝負の場が作り出される．

　病院の待合室に，近所にある私立高校の野球部の定期刊行誌が置かれていた．そのタイトルが「守破離」．野球道を究めるためには，まず，基本を習得する過程「守」，つぎに，その基本の殻を突き破って成長する過程「破」，さらに，自己流を確立する過程「離」という 3 段階を示している．**理系作文でも自己流をめざす前に，まねを通して基礎を十分に学ぶべきである．**

鉄則3
文書を書くから給料をもらえる

基本

　理系の人間は，現象を解明する，理論を構築する，新しい物質を探索する，新しい材料や装置を開発する，などの仕事に関わっている．頭の中で考えたことを式を使って表し，実験で得られた事柄や作った材料や装置について，図表と文章によって読み手に伝え，評価をもらう．文書を作らずに，知見を頭の中に，あるいは実験ノートを机の中にしまっておいて「自分を褒めてやりたい」とはいかないのだ．

　「研究の成果を目の前でやってみせる」こともありうるけれども，それでは視聴者に限りがある．やはり，文書を作って公開するのが有効である．**報告書，ペーパー，あるいは特許を書くから，周囲から「あなたは，成否はさておき，きちんと仕事をした」と認められ，給料をもらえるわけである．**しかも，上手に書けばそれだけ評価が上がる．「This is 世の中」である．

　読み手から高い評価をもらえば書き手はうれしい．お客さん（読み手）に「おいしかった」と言われたくて料理人（書き手）は料理を工夫する．**読み手へのサービスに徹することを書き手は求められている．**

鉄則 4
セールスポイントをはやく見つける
基本

　報告書と研究論文には違いがある. 報告する間隔によって, 報告書は, 日報, 週報, 月報, 年報に分類できる. 四半期報告といって, 3ヵ月ごとの報告もある. 報告書は研究がうまくいっていようがいまいが, 書かなくてはいけない文書である.

　他方, 雑誌へはいつでも投稿できる. 逆に言うと, いつまでたっても投稿しないでもいられる. **セールスポイントがないと雑誌への投稿論文としてまとめることができない.** 大学の研究室なら指導教員から「投稿しなさい」と言われたら「はい, わかりました」と書き始めることになる. 経験豊富な指導教員が, 雑誌に掲載できる価値をもつ成果（これがセールスポイント）があると判断しているのだ. **セールスポイントは 1 つで十分である.**

　私の大学院時代の指導教授であったM先生は, 私の研究テーマ「海水からのウラン採取」にあまり関心がなく, 私の研究成果に対して「投稿しなさい」とも「まだまだですね」ともおっしゃらなかった. 私としては, 投稿しないと博士論文を作成できないことになって将来の展望が開けないので, 既往の研究と同等レベルになったところで自分から判断して原稿を書いた. M先生に原稿をお持ちしたら, ただひと言「どうぞ出してください」だった. 私の力を信じてくれていらしたのだと解釈することにしている.

　新しい物性値の測定, 新しい材料の発明, 新しい現象の発見などのセールスポイントがないなら, 投稿しても拒絶されるだろう. 主張がない文章を書いても意味がない. なんとなく実験し続けるなどもってのほかである. 研究には, お金も人も場所も使っているのだ. 研究を始めるからには, 実験をしながら, データをまとめながら, 修正しながらでもいいから, **セールスポイントを絞りだしていく, 追いかけていく姿勢が不可欠なのである.**

鉄則 5
理系の作文力が研究力を高める

基本 ♥♥

　頭の中に入っているアイデアや思想は，広がりがあるという点では，文書より優れている．頭の中なら，3 次元空間での時間軸上で，あっという間に移動することさえできる．しかし，やはりあいまいであるし，なんといっても，他人にはわからない．

　頭の中に入っているこの膨大な情報を，文字を使って文章にして外部へ引き出し，それをつないで他人に伝わるように明確にしていく作業が文書づくりである．書き手自身も，自分が書いた文章を読んで，「こんなことを考えていたんだ」と驚くこともあるし，「そうしたらこういうこともできるかな」と新たなアイデアを思いつくこともある．

　ぐちゃぐちゃに散らかったジクソーパズルのピースを，きちんと枠にはめて図柄を完成させるだけでもたいへんな作業である．しかし，理系の作文は，数が決まっていないピースを，図柄も枠もないところから完成させる作業である．しんどい作業である．けれども，同時にやりがいのある仕事でもある．

　作文は読み手へのサービスであると同時に，書き手自身のためでもあるのだ．書くことによって自分の考えも整理される．**理系作文によって研究力は確実に向上する**と考えてよい．

鉄則6
日本語の作文力でプレゼンもうまくなる
基本

　プレゼンテーション（presentation）を日本語では「**プレゼン**」と略す．私は学会での講演発表をプレゼンと理解していたけれども，最近は人前で何かしゃべることをすべてプレゼンと言うようだ．私の学生時代はスライドを使って学会発表をした．そのうちに OHP（overhead projector）を使った発表，そして現在，パソコンをつないでプロジェクターを使う発表に置き換わった．だが，発表会場に垂れ下がったスクリーン（最近は，白壁）にプロジェクターから画像を映すという点では大きな進歩はない．さらに，コロナ禍の中，オンラインでのプレゼンの機会が増えた．

　プレゼン力と言うと，「腹から声を出せ」「スクリーンに近づき過ぎるな」「背筋を伸ばして堂々と話せ」という声，立ち位置，姿勢といった点に注意すること程度にしか考えていなかった．最近のプレゼン力はもっと広い意味で，スライドの文字のフォントや大きさの選択から始まって，話の内容やストーリーまで総合的な発表力を指している．

　プレゼンはしゃべって行うのだから「**シナリオ**（scenario）」が必要だ．発表者は，実験を計画，実施して，なんとか成果を出す．それを基にシナリオを書き，自ら話す．映画で言うと，発表者は，脚本，演出，主演，製作すべてを一人でこなすスーパースターということになる．聴衆に感動を与える上手な発表をするには，シナリオは最重要だ．**シナリオも文書である．単語，文章，段落，ストーリー立て，これらはすべて理系文書の作成技術から学べることである．**

　学生時代に過ごす研究室で，先輩や先生からシナリオ書きから役作りまでのトレーニングを受ける．私の場合，研究テーマが研究室のメインテーマから外れていたので，指導してもらいにくかった．しかし，先輩や先生がいなくても，プレゼンを上達させることができた．上手な講演を聴く機会はいくらでもあったからだ．**ぜひ多くのプレゼンを聴いてほしい．**

鉄則7

起承転結を忘れる

基本

　小学校や中学校の国語の時間に，先生から作文の典型的な書き方のひとつとして「起承転結」を習う．この教えのせいで，理系に進んだ私たちは段落の作り方を間違ってしまう．というよりも，「転」がてんで見つからずに，スラスラスイスイと段落を書けなくなる．呪縛である．

　理系の作文では起承転結を忘れてよい．「そんなの知りません」「そんなの関係ねぇ！」と言おう．「転」を作って読み手に「おや？」なんていう思いを抱かせてはいけない．「起承転結」より「起床点呼」のほうがよほど大切である．

　理系の作文では，**淡々と「緒言」，「実験」，そして「結果と考察」を書けばよい．**「緒言」「実験」「結果と考察」それぞれのセクションには役割がある．そのセクション内の段落ごとに「起承転結」をしていたら読み手は段落酔いをしてしまう．だいたいそんなことをできるはずもない．1つの段落では，話が1つ展開し，流れていればそれでよい．

　「転」のうまさではなく，研究の中身で勝負するのだ．

鉄則 8

「および」と「それぞれ」を正しく使う

　英語のほうが日本語よりも，理系の文章作成に向く．それは英語の文法がより厳密であるからだ．**英文を意識して日本語文を書けば，厳密な理系文書を作ることができる．**日本語文を英文に翻訳するにも都合がよい．

> （1）その管の内径と外径は 1 と 2 mm である．

という日本語の文章には，理系の文として 2 つの要改善点がある．

> - 「と」は口語に近いので「および」に修正する．
> - 「それぞれ」が抜けているので加筆する．

　だから，次のように修正してほしい．

> （1）その管の内径および外径は，それぞれ 1 および 2 mm である．

　内径よりは外径のほうが大きな値に決まっているから，「それぞれ」はなくても通じると言いたいところだけれども，原則を守ってほしい．また，

> （2）その箱の幅，長さ，高さは，10，20，15 cm である．

だと，順番が指定されていないので，読み手は少し不安になる．次のようにすれば，読み手は安心できる．

> （2）その箱の幅，長さ，および高さは，それぞれ 10，20，および
> 　　 15 cm である．

（1）（2）の日本語を英文にするとこうなる.

---

(1) The inner and outer diameters of the pipe are 1 and 2 mm, respectively.

(2) The width, length, and height of the box are 10, 20, and 15 cm, respectively.

（2）の英文のように，３つ以上の語句を並列させるときは，and の前にコンマ（comma）を打つ. 日本語だとそのあたりはあいまいである. 私は英語文を意識して，日本語文で３つ以上の語句を並列させるとき,「および」の前にコンマを打つことにしている. こういう並列文は理系の文書に頻繁に登場するので確実に書けるようにしておきたい.

【問題】次の日本語文を修正しなさい.

　このマスクの幅，高さ，厚さは，175 mm, 95 mm, 1 mm である.

....

【アドバイス】

　会話なら問題文のままでも通じる. しかし，理系文書ではフォーマルな文を作れるようにしよう.

【答え】単位を逐一つけても，まとめて示してもどちらでもよい.

（1）このマスクの幅，高さ，<u>および</u>厚さは，<u>それぞれ</u> 175 mm, 95 mm, <u>および</u> 1 mm である.

（2）このマスクの幅，高さ，<u>および</u>厚さは，<u>それぞれ</u> 175, 95, <u>および</u> 1 mm である.

ついでに理系英語 1

日本語＆英語の相乗効果

　日本語を母国語とする人にとって，「英語のレベル ＜ 日本語のレベル」という式は当たり前のことである．それなのに，英語だけ勉強していけば英語がうまくなるという勘違いをする．日本語のレベルより上の英語のレベルに達しないのだ．そうはいっても日本語をやり直すのもつらい．おすすめは，日本語での理系作文を学びつつ，英語での理系作文を学ぶことだ．

　日本語と英語を別々に勉強するのは効率がわるい．日本語と英語を連動させると一挙両得だ．「簡潔に，正しく，数値を使って」という理系での作文の方向性は，日本語でも英語でも同じである．本書では，「ついでに理系英語」というコーナーを作って，相乗効果をねらっていく．

鉄則 9
「思われる」「考えられる」を使わない

語句 あ

　文書の末尾につける「…と思われる」「…と考えられる」は，「逃げの表現」と理系では見なされるので使わないようにしたい，と思われる．これらの表現は削除したところで文の意味は変わらないし，むしろ，削除することによって文に迫力が出る．「……と思われる」「……と考えられる」は謙虚な表現だから読み手に好感をもってもらえると思ってはいけない．「It is considered that …」や「It is believed that …」という表現を英語の論文で見たことがない．

　「…と考えられる」という末尾の表現をなくすために，アイデアを出し，実験事実や理論を積み上げ，結論を絞り込んでいくのが理系人間の仕事である．結果に対する理由の説明を述べるとき，まず，全部の可能性をリストアップし，そこから真実を選出していくのが研究者や技術者である．

　「……と考えられる」を「……である」と言い切れるようにしようとする日々の姿勢が，研究者や技術者としての能力を上げてくれる．「絞り込む」ために，さらに「踏み込む」姿勢が大切と思われる（？）

【問題】 次の日本語文中に理系文として不適切な箇所があれば修正しなさい．
　タンパク質の平衡吸着容量とタンパク質溶液の流量との関係を図 3 に示す．タンパク質の平衡吸着量は，流量によらず，一定であった．これは，膜の細孔内に溶液が滞留する時間に比べて，タンパク質が接ぎ木高分子鎖へ拡散する時間が無視できるほど短いからであると思われる．

【アドバイス】　言い切ることを原則にしないと，考察に全部「思われる」や「考えられる」をつけたくなる．

【答え】
　（4 行目）短いからであると思われる ➡ 短いからである．

鉄則 10

数字を使って表現する

語句 あ

　大川橋蔵さん主演の『銭形平次』なるテレビ番組を，子供の頃，毎週見ていた．「……今日も決め手の　今日も決め手の　銭が飛〜ぶ」という舟木一夫さんの主題歌もよかった．神田明神下の平次親分の家に十手をもった子分（八五郎）が「てえへんだ，てえへんだ」と叫んで，駆け込んで来ると，平次親分が子分を落ち着かせてから話を聴く．すると，「八，てえした事件じゃねえなあ」という顔をしていたことが多かった記憶がある．

　「先生，たいへんです．ぜんぜん吸着しません」と，私のところに実験結果を報告に来る学生がいた．実験条件の設定がわるいこともあれば，計算が間違っていることもある．学生を指導する立場になってから 10 年も経つと，学生を落ち着かせることができるようになった．"平次" ならぬ "平時" の冷静な対応をしている．

　「ぜんぜん」「まったく」「たいへん」「きわめて」といった言葉を文書で平然と使っているとしたら大問題である．人によって，数字に対する評価は違う．これらの言葉は客観性にたいへん欠ける．

　「てえへん」が「てえへんではない」こともざらにある．「〇〇に比べて 8 倍に当たる」「△△の 2 ケタ以上，高い値を得た」という冷静な書き方ならよい．**数字を使って性能を他の研究成果や現存する材料と比較することが大切である．**

　私の場合，結婚式では非定量的表現を使う．「新郎の〇〇君はたいへん優秀な成績で……」とお祝いのスピーチに入れる．こういうときに成績の順位を正確に言っても意味がないし，かえって問題になる場合もある．

　講義中，学生の集中力がなくなってきたら，「今日の内容はすごく大切です」と私は口走る．ただし，前回や次回の講義内容の何倍大切なのかは，私にもわからない．学生には「ここは試験に出すぞ」が最も効果的だ．

【問題】次の日本語文の中に不適切な箇所があれば修正しなさい.

(1) 容器内での反応に伴う圧力の増加は全然なかった.

(2) 低温で作製した材料は,高温で作製した材料に比べて,きわめて高い抵抗率を示した.

(3) 溶媒を変更することによって,反応率を高める効果がものすごく大きくなった.

【アドバイス】

(1)「全然」は客観性に欠ける表現である.

(2)「きわめて」は読み手によって感じ方が異なる表現である.「7倍であった」とか「240倍であった」とか,数字を使って表現するのが原則である.

(3)「ものすごく」はそもそも口語であるから,ものすごくおかしい表現である.

【答え】

(1) 容器内での反応に伴う圧力の増加はなかった.
   容器内での反応に伴う圧力の増加は圧力計の感度以下であった.

(2) 低温で作製した材料は,高温で作製した材料に比べて,32倍高い抵抗率を示した.(32倍は例)

(3) 溶媒を変更することによって,反応率を高める効果が5.5倍になった.(5.5倍は例)

鉄則 11
数字と単位の間にはスペースを空ける

語句 **あ**

　「数字と単位の間にはスペースを空けるんだ」と何度言っても直せない学生がいる．「20 min」や「50 L」と記さなくてはいけないのである．理由は簡単で，数字と単位は別個の単語，2 つの単語だからである．

　「そんな細かなことは，たいしたことじゃない」と，学生は無意識に感じているのだろう．しかし，「万事は細事に宿る」というおそろしい格言がある．文書づくりでは細事をおろそかにしてはいけない．内容がよければ細かいことは少々間違っていても許されるというわけではない．ただし，% と℃は例外で，「75%」「25℃」と数字と記号をくっつける．

　スペースを空けることは，読みやすさに直結する．例えば，数式を書いたとき，イコールの前後にはスペースがほしい．スペースは日本語なら「間」のことである．間をとらないと間抜けと言われ，間を空けすぎると間延びと言われる．ベストセラーのひとつに「人は見た目が 9 割」という題名の本があった．「文書も見た目が 9 割」と思って取り組んだほうがよい．

【問題】 次の日本語文を修正しなさい.

(1) この円管の内径, 肉厚, および長さは, それぞれ 5cm, 1mm, および 100cm である.

(2) 常温から 60 ℃までに, この繊維は長さ方向に 3 % 伸びた.

【アドバイス】

「この程度のことどうでもよい!」と考えずに「この程度のこともできないようじゃいけない」と考えてほしい. (2)のように℃と％は例外で, 空けない.

【答え】

(1) この円管の内径, 肉厚, および長さは, それぞれ 5 cm, 1 mm, および 100 cm である.

(2) 常温から 60℃までに, この繊維は長さ方向に 3% 伸びた.

(注)

国際単位系（International System of Units, 通称, SI 単位系）では％も℃も, 例外とはせずに, 「75 ％」「25 ℃」とスペースを空けると, 恥ずかしながら, 最近になって知った. SI 単位系に従うと, 上記の問題の (2) には修正箇所はない. 「％と℃は例外だ!」と長い間, 学生に教え, 慣れ親しんできた私はどうしても抵抗があり, 本書ではスペースを空けずにくっつけた. 一般的な英文でも, 通貨記号（＄や￥）と同じように, ％と℃はスペースを空けずにくっつける. なお, 読者におかれましてはペーパーの投稿先の規定に従ってください.

鉄則 12

有効数字をいつも気にする

語句 あ

　有効数字を英語で言うと, significant figures である.「意味のある数字」という意味だ. **意味のあるケタの数値と, その１つ下の誤差を含むケタの数値を合わせて, 有効数字になる.**

　「私たちの研究グループの実験では有効数字は２ケタで十分だよ」と私は学生にいつも言っているつもりだった. それなのに, 学生の報告書を呼んでいると, 表中に, 9.274 なんていう４ケタの数字が並んでいることがある. 計算過程をたずねてみると, 生データの有効数字が３ケタなのに計算機やコンピューターによる掛算や割算の結果をそのまま表に載せていた. 有効数字のケタを点検していないわけだ. **有効数字程度にさえ気配りができないようなら, 繊細さを要する文章など書けるはずもない.**

　「有効数字を気にしない研究者が行った実験も, そこから得られたデータも信用されないぞ」と学生を脅すこともある. 有効数字への気配りは文書作りの基本中の基本なのである.

【問題】次の数値の有効数字のケタ数を答えなさい.
(1) 0.08　　(2) 6.6260　　(3) 8850

....

【アドバイス】
(1) 小数点以下の 0 の部分は有効数字の桁数には数えない.
(2) わざわざ最後に 0 をつけているので, ここまで有効数字の桁数とする.
(3) 8850 という表記であると, 有効数字が３ケタか４ケタかを判定できない.
　　8.85×10^3 および 8.850×10^3 と表記すれば, 有効数字はそれぞれ３ケタおよび４ケタになる.

【答え】
(1) 1　　(2) 5　　(3) 3 または 4

【問題】次の数値を有効数字 3 ケタと 2 ケタに丸めなさい.

(1) 3327　　(2) 4.184　　(3) 57840

【アドバイス】

　日本語で「丸める」というのは英語で言う「round off」のこと, すなわち「四捨五入」のことである. 「切り上げ」「切り捨て」はそれぞれ round up, round down と言う.

【答え】

(1) 3.33×10^3, 3.3×10^3　(2) 4.18, 4.2　(3) 5.78×10^4, 5.8×10^4

【問題】有効数字に注意して, 次の計算をしなさい.

(1) $15.2 + 1.01$　　(2) $15.2 - 1.011$　　(3) 15.2×1.01　　(4) $15.2 \div 1.0$

【アドバイス】

　四則演算では, 有効数字の少ない数値に合わせて計算結果を丸めよう.

【答え】

(1) $15.2 + 1.01 = 16.21 \rightarrow 16.2$　　(2) $15.2 - 1.011 = 14.189 \rightarrow 14.2$

(3) $15.2 \times 1.01 = 15.352 \rightarrow 15.4$　　(4) $15.2 \div 1.0 = 15.2 \rightarrow 15$

【問題】有効数字に注意して，表を書き直しなさい．

表1 反応後の重量増加率

試料 No.	反応前重量（g）	反応後重量（g）	重量増加率（%）
1	1.02	1.54	50.98
2	1.11	1.68	51.35
3	1.06	1.62	52.83
4	1.08	1.63	50.92
5	1.11	1.70	53.15

【アドバイス】

　計算機は有効数字を気にせずに，表示板いっぱいに数字を並べる．ここでは，重量が有効数字3ケタなので，それを使って計算した重量増加率も4ケタ目を丸めて3ケタにしよう．

【答え】

表1 反応後の重量増加率

試料 No.	反応前重量（g）	反応後重量（g）	重量増加率（%）
1	1.02	1.54	51.0
2	1.11	1.68	51.4
3	1.06	1.62	52.8
4	1.08	1.63	50.9
5	1.11	1.70	53.2

鉄則 13

「の」を 2 回までとする

語句 あ

> 水素の増加の速度の測定を行った.

には 3 つの「の」が続いている. 「の」が続くと読み手は身構えてしまう.
読み手を緊張させる文はご法度だ. **「の」の使用は連続 2 回までとしよう.**
「の」には 4 つの格があることを国語の授業で習った.

「の」の格	所有格	目的格	主格	同格
置き換え	〜の	〜を	〜が	〜という

したがって,**「の」が目的格,主格,そして同格のときには,「の」をそれ
ぞれ「を」,「が」,そして「という」に書き換えると,読み手にとってわ
かりやすい文にできる.** 全部の「の」を置換すると文章が長くなるので適
度に置き換えるとよい. 先頭の文は,次のように書き換えられる.

> 水素が増加する速度を測定した.

【問題】次の文を「の」を使わない文に書き換えなさい.
著者の日本語文の修正の必要がある.

【アドバイス】
「の」には 4 つの格があることを知っておくと,文章をわかりやすく書き直すとき
に役立つ. 「の」が主格,目的格,および同格なら,それぞれ「が」,「を」,および
「という」に書き直すと読みやすくなる.

【答え】次のどちらの意味にもとれる.
著者が日本語文を修正する必要がある.
著者が書いた日本語文を修正する必要がある.

鉄則14

「…が，…が，…」を避ける

 語句 あ

　テレビを見ていると，事件現場にいるアナウンサーが速いスピードで，概略を長々としゃべっていた．

> 「事件の発生についてなんですが，…，つぎに，被害なんですが，…，現状なんですが，…」．

　視聴者に「なんですが…」攻撃をしかけていた．これではプロフェッショナルとは言いがたい．

　私も講義で90分という長い時間をしゃべる職業なんですが，「なんですが…」で話を続けていない．**この「が」は主語の「が」ではなく，文をなんとなくつないでいく「が」である．**

　「これを絶対に使わないぞ！」と決心して理系の文書を書いてほしい．**「が」を使いたくなったら，そこで文を切ってしまえばよい．**その後の文へのつなぎ方は，接続詞を挟むか，何も挟まないで続けるかのどちらかだ．

　手紙文では，「が」は便利なので使うことがある．

> 　暑い日が続いていますが，いかがお過ごしでしょうか．

　ここも，「が」を取り去り，2文に切って

> 　暑い日が続いています．いかがお過ごしでしょうか．

としても問題はない．私たちは「が」をなんとなく使っているのである．

【問題】 次の文を修正しなさい．

　実験には図1に示す反応装置を用いたが，反応温度を25℃に設定した．また，反応試薬であるが，特級を使った．

【アドバイス】

　内容がどうのこうのという問いではない．「…が，…が，…」という文をやめようというだけのルールである．

【答え】

　実験には図1に示す反応装置を用いた．反応温度を25℃に設定した．また，**特級の反応試薬**を使った．

鉄則 15

指示語をなるべく使わない

 語句 あ

　小中学校の国語の問題には，必ずと言っていいほど，「これ」や「この」に傍線が引いてあった．問題文を読むと，「ここでの『これ』や『この』は何を指すかを答えなさい」とあった．そういうとき，前の文に戻って候補の言葉を拾い出して「これ」や「この」に当てはめて意味が通る言葉を選び出した．ところがどっこい，**理系の文書ではこうした指示語をなるべく使わないようにするのだ**．

　理由は3つある．

- **前の文に戻って読み返す時間がもったいない**．理系の文書は流れるように，よどみなく，さっと読めることが要求される．理系の文書が入学試験問題に採用されないのは，わかりやすいからだ．
- 書き手は，**指示語の意味を，読み手に間違ってもらいたくない**．理系の文書では正確に伝わることが大事である．
- **書き手も指示する語をしっかり確認せずに使いがちである**．

　そういうわけで，このルール，いや，「指示語をなるべく使わない」というルールを守ってほしい．読み手が文を遡らなくて済むように言葉を繰り返すのだ．

指示語を使ってよいとき

　論文の「結果と考察」で，図を見てもらいながら結果を説明した後に理由を述べるときには，次のような文章のパターンがある．

　Aは**B**に依存せずに一定であった．この理由は……である．

英語にすると，次のようになる．

> **A** was constant irrespective of **B**. This is because ….

この文は指示語を使っている．**戻って探す必要がない指示語なら使って
よい**．指示語はもともと便利な言葉であるから，これを放っておくのはもっ
たいない．やはり，使いようである．

【問題】指示語を使わない文に修正しなさい．

　千葉県の太平洋岸に位置する一宮町の深さ 500 〜 2000 m の地層に 80 〜 200
万年前の地下水が閉じ込められている．地下水を汲み上げると天然ガスの溶けたか
ん水が得られる．これを利用して天然ガスを分け取り，ヨウ素を採取している．こ
こでのヨウ素生産量は世界の 25% を占めている．

【アドバイス】

　まず，「これを利用して」の「これ」が「かん水」なのか「地下水」なのかで迷う．
「ここでの」の「ここ」が一宮町なのか千葉県なのかでも迷う．指示語に出会うと，
読み手は前に戻って何を指すかを考える必要がある．この作業は負担になるし，間
違ってしまうこともある．だったら，用語を繰り返したほうがよい．指示語を使う
と，書き手も正確さを欠くようになる．

【答え】

　（3 行目）これ ➡ 得られたかん水
　（3 〜 4 行目）ここでの ➡ 千葉県の

鉄則 16

漢字を正しく使う

語句 **あ**

「漢字を正しく使う」というルールについて苦い思い出がある．ある授業で作文の方法に触れた．学生へのメッセージとして「文書を書いたら必ず……」と言った後に，ずっと覚えておいてもらいたいという気持ちから，白いチョークを持って，黒板にわざわざ大きな文字で「推稿せよ」と書いた．「そういう先生こそ，推敲してください」と言われてもしかたのない場面であった．学生は私の迫力に圧倒されて何も言い返さなかった．意味もわからず，黒板に大きく書かれた漢字が間違えていることにも気づかず，ノートに写していた学生がいたのが問題である．

私の専門分野である化学で，よく見かける漢字の間違いを紹介しよう．

「工程」 ⟷ 「行程」

「調製」 ⟷ 「調整」

「画期的な生産工程の開発にかかった行程は長かった」とは言う．溶液をつくることを「溶液の調製」とは書くけれども，「溶液の調整」とは書かない．「調製した溶液の pH を 9 に調整した」とは言う．

マカロニのような形をした「中空糸（ちゅうくうし）」状と呼ばれる材料がある．家庭用浄水器には中空糸状のろ過膜が内臓されている．いや内蔵されている．表面や内部に 1 μm 程度の大きさの孔が多く空いている．鉄錆や菌はそこに引っかかる．水は通り抜け，その後，活性炭粒子を詰めた層を通り，水中に溶けている有機物が吸着除去される．そんな「中空糸」を卒業論文全編にわたって「中空子」と記した学生がいた．全部なので，本人は中空子が正しいと思い込んでいたにちがいない．

私は告白する．「あいさつ」「にいがた」「ぎふ」「すいせん」がまともに

書けない．立場上，年度初めと就活シーズンに推薦書を 10 通ほど書く．
そのたびにワープロで「すいせん」と打ち，漢字に変換後，文字サイズを
大きくして，「薦」の詳細を確認してから自筆で封筒に「〇〇さんの推薦書」
「△△君の推薦状」と書き込んでいる．学生が私に書いた依頼メモを見ると，
「薦」の草冠の下が「鹿」になっていてホッとした．

　ある朝，目覚めると，眼の中で蚊が飛んでいたので，50 歳を過ぎてい
るとは言え，少々気になった．調べると「飛蚊症」とあった．近くの眼科
に初めて寄った．「どうしました？」と先生に訊かれたので「どうやら『ひ
かしょう』のようです」と答えた．ここで数秒の沈黙があった．「それ，『ひ
ぶんしょう』のことですか」と先生はまじめに訊き返してきた．「その程
度なら，特に心配はいりません」と言われ，しょんぼりと診察室を出た．「蚊」
は「ぶん」と読むと，50 年以上も生きてきて初めて知った．漢字は難しい．

間違える漢字ワースト 3	書けない漢字ワースト 3
工程 と 行程	挨拶
調製 と 調整	推薦
捕捉 と 補足	推敲

【問題】下線部のカタカナを漢字にしなさい.

(1) さまざまな<u>コウテイ</u>を経て,製品が作られる.

(2) 20 mg/L の硫酸第二銅水溶液を<u>チョウセイ</u>した.

(3) ろ過膜には水を透過させる<u>アナ</u>が空いている.

(4) 水酸化ナトリウム水溶液を使って,緩衝液の pH を 8.0 に<u>チョウセイ</u>した.

(5) 原稿を書いたら<u>スイコウ</u>するのは当然のことである.

(6) アンケートの<u>カイトウ</u>期限が迫っている.

(7) 研究指導をしてくださった先生に<u>スイセンジョウ</u>を書いていただいた.

【アドバイス】

　科学研究費補助金(通称,科研費)という大切な研究資金がある.その申請書を書いていて,前年度に不採択になった自分の申請書を読んでいたら,「従来の材料に対する本研究で作製した材料の有意性を実証する」とあった.「なんじゃこれは!」と自分で書いたのに叫んでしまった.「有意性ではなく優位性だろう!」 申請書の大切な箇所で漢字を間違えるような私は科研費がもらえない.それよりも申請の内容がわるかったのかもしれない.

【答え】

(1) 工程　(2) 調製　(3) 孔　(4) 調整　(5) 推敲　(6) 回答　(7) 推薦状

【問題】漢字を正しく使っていないところを 1 ヵ所見つけなさい.

　日本の製塩では,電気透析とそれに続く真空加熱蒸発という行程を経て,塩の結晶を析出させる.塩の原料となる海水を,まず,海から汲み上げて砂ろ過し,微小粒子や藻類を除く.つぎに,イオン交換膜を装填した電気透析槽にろ過海水を通して海水の塩濃度を約 7 倍に濃縮する.得られる水溶液をかん水と呼ぶ.さらに,かん水を真空式蒸発装置に導入すると,塩濃度が溶解度を超えて塩が析出する.市販されている塩の包装袋に製法として記載されている「イオン膜」と「立釜」は,製塩工程に登場する,イオン交換膜と真空式蒸発装置を指している.

【答え】

(1行目) 行程 　➡　 工程

鉄則 17

初出の用語を説明する

　書き手が思っているほどに読み手は書き手のことをわかってくれようとはしない．また，理系の研究分野は広く，その深さもさまざまであるから，読み手の想定が難しいときもある．

　pH と言えば，化学の分野ならだれでも知っていて，pH $= -\log$ [H$^+$] である．ここで，[H$^+$] は水素イオン濃度である．説明なしに「海水の pH は 8 である」と書いてよい．しかし，例えば，建築の分野の読み手には，「酸性あるいはアルカリ性の強さを示す pH の値」というように pH についての説明があったほうが親切である．

　記号や略号を説明せずに使ってはいけない．初めて登場した（初出）直後で説明が必要だ．例えば，Newton の第二法則は次のように書く．

$$F = ma \tag{1}$$

ここで，F, m, および a は，それぞれ力，質量，および加速度である．

　次のように，単位をつけて式に登場する記号を説明してもよい．

$$F = ma \tag{1}$$

ここで，F, m, および a は，それぞれ力 (N)，質量 (kg)，および加速度 (m/s^2) である．

たった 1 行の式の表し方や説明の書き方にもさまざまな工夫がある.

> (1) 式の行は全角 2 文字分を**字下げ**して目立つようにしている.
> (2) 行末に**式番号**をつけている. 後の文で引用する予定があろうが
>   なかろうが式には番号をふる.
> (3) 式の直後に, 式中の**全英字記号**（ここでは, F, m, および a）**の説明**
>   **を入れる.** 高校で習うし有名だからといって説明不要とはならない.

　長い式にたくさんの英字記号が出てきても, 取りこぼしなく説明する.
ただし, 前で説明されていれば再度の説明は不要である. 研究雑誌によっ
ては「物理量を表す英字記号は斜体で表記すること」といったルールがあ
るので, それに従わないと, 論文への掲載を拒絶される.

　記号にせよ単位にせよ, 文書づくりは読み手へのサービスに徹するべき
である. **わからなくさせたら, そこから先は読んでもらえない.** 読み手が
「スマホで調べてくれるだろう」と期待してはいけない.

【問題】次に示すアインシュタインの式を論文中に用いたとする. 式中の記号を説
明するために, 式に続く「ここで,」で始まる文章を書きなさい.

$$E = mc^2 \tag{1}$$

【アドバイス】

　どんなに有名な式でも記号の説明をしよう. 英字記号の説明は, 式に登場した順
にする. アルファベット順にしなくてよい. 読み手からすると, 出てきた順のほう
がわかりやすいからだ. 式が 1 つしかなくとも式番号をつける. 形式は, (1), (2), (3)
…としよう. ①, ②, ③…は世界基準ではないので使わないように.

【答え】

ここで, E, m, および c は, それぞれ物質のエネルギー, 物質の質量, および光
速である.

定義式を説明する

【問題】次の英文を日本語文にしなさい.

The degree of grafting was defined as

$$\text{Degree of grafting [\%]} = 100(W_1 - W_0)/W_0 \tag{1}$$

where W_1 and W_0 are the weights of monomer-grafted film and starting film, respectively.

degree of grafting：グラフト率, monomer-grafted film：モノマーを接ぎ木重合したフィルム, starting film：出発フィルム

【答え】

グラフト率は次式で定義された.

$$\text{グラフト率 [\%]} = 100\,(W_1 - W_0)/W_0 \tag{1}$$

ここで，W_1 および W_0 は，それぞれモノマーを接ぎ木重合したフィルムおよび出発フィルムの重さである.

where 以下の記号を説明する英文は，「…および…は，それぞれ…および…」と日本語に厳密に訳し出そう.

鉄則 18

用語を統一する

語句 あ

　私たちの研究室では「イオン交換多孔性中空糸膜」という名の材料を開発し，2011 年の市販にまでつなげた．作り出した材料に名を与えるのは楽しい作業である．「イオン交換多孔性中空糸膜」と名づけたら，その後の呼び方は 2 つしかない．「イオン交換多孔性中空糸膜」と最後まで呼び通すか，または，「IE 膜」という略語（IE はイオン交換 ion exchange から作った）をつけて呼び通すことである．

　略語はきちんとつけたほうがよい．研究室の学生たちは，多孔性中空糸膜のことを「たこちゅう」と呼んでいた．私まで釣られて「たこちゅう」と外部の人に言ってしまいそうになる．タコがチューしているようで，とても材料には聞こえない．

　イオン交換多孔性中空糸膜のことを，イオン交換膜，イオン交換多孔性膜，イオン交換中空糸膜，多孔性中空糸膜，中空糸膜などと適当に短縮した呼び方をしてはいけない．「読み手がわかってくれるだろう」は，理系の文書では許されない．読み手に負担をかけることになるからだ．

　「名称が変わったのなら，材料も変わったんだ」と考えるのが理系の文書の読み方なのである．ふだん，「〇〇ちゃん」とニックネームで気やすく呼ばれているのに，フルネームで厳粛に呼ばれたら，「これは何か違うぞ」と呼ばれた本人は身構えるはずだ．**用語は統一して使うのが正しい書き方**である．

【問題】文中で用語を統一したほうがよい箇所を指摘しなさい.

　2011 年 3 月 11 日の東北地方太平洋沖地震に伴って発生した津波が東京電力福島第一原子力発電所を襲った.そのため電力を失い,原子炉内へ冷却水を供給できずにメルトダウン（炉心溶融）が起きた.原子炉建屋の底部に落下した溶融炉心に地下水が接触して,わずかながら放射性物質が水に溶けた.その後,原子炉建屋の周囲に凍土遮水壁が設置されて,溶融燃料と接触する地下水の量は減少した.

【アドバイス】

(1)「水」でもわかるのだけれども,「地下」をわざわざ取ることもない.「地下」を削った深い訳があると思う読み手もいるかもしれない.

(2)「溶融炉心」という用語を 3 行上で使ったことを書き手が忘れては困る.「溶融炉心」と「溶融燃料」が違うものと受け取る読み手もいるかもしれない.

【答え】

　2011 年 3 月 11 日の東北地方太平洋沖地震に伴って発生した津波が東京電力福島第一原子力発電所を襲った.そのため電力を失い,原子炉内へ冷却水を供給できずにメルトダウン（炉心溶融）が起きた.原子炉建屋の底部に落下した<u>溶融炉心</u>に<u>地下水</u>が接触して,わずかながら放射性物質が<u>地下水</u>に溶けた.その後,原子炉建屋の周囲に凍土遮水壁が設置されて,<u>溶融炉心</u>と接触する地下水の量は減少した.

【問題】文中で用語を統一したほうがよいところを 1 ヵ所指摘しなさい.

　東京電力福島第一原子力発電所のメルトダウン事故によって発生した汚染水には放射性物質が溶けている.そこで,セシウム（Cs）やストロンチウム（Sr）の放射性物質を除去できる固体吸着材が開発された.Cs 用吸着材にはフェロシアン化金属が選ばれた.Cs イオン（Cs^+）は同族のカリウムイオンとのイオン交換によってフェロシアン化金属の結晶格子内に捕捉される.これに対して,Sr 用吸着材にはイミノジ酢酸型キレート樹脂が選ばれた.Sr イオン（Sr^{2+}）は同族のカルシウムイオンと化学的性質が似ているため,両イオンともにイミノジ酢酸型樹脂に捕捉される.

【答え】

　（7 行目）イミノジ酢酸型樹脂　➡　イミノジ酢酸型キレート樹脂

鉄則 19

「で」ばかりを使わない

語句 あ

---

(1) その課題は千葉大学で研究されてきた．

(2) その試薬を水で溶かした．

(3) そのタンパク質を液体クロマトグラフィーで定量した．

この 3 つの日本語文を英文にすると，次のようになる．

---

(1) The problem has been studied at Chiba University.

(2) The reagent was dissolved with water.

(3) The protein was determined by liquid chromatography.

　日本語文での「で」の部分を英語にすると，それぞれ at, with, by である．このあたりが日本語のよいところでもあり，わるいところでもある．後で，英語で翻訳することを考えて，**「で」は，英語で「点」を表す前置詞「at」のときに使うことをお奨めしたい**．

　そうなると，(2)(3) の日本語文は，それぞれ次のようになる．

---

(2) その試薬を水を使って溶かした．

(3) そのタンパク質を液体クロマトグラフィーによって定量した．

　英文中の前置詞 with および by は，それぞれ「道具」および「方法」を表す前置詞である．次の文はどうだろう．

その実験を室温で行った．

The experiment was conducted at room temperature.

　温度の「点」なので，日本語は「で」がよい．「で」ひとつにしても，このように意識して使うことで，いや使うことによって，理系の文の精度は向上する．

【問題】 次の文を「で」を使わない文にしなさい．
(1) ルンゲクッタ法で常微分方程式の数値解を得た．
(2) ロータリーエバポレータで丸底フラスコ内の有機溶媒を揮発させた．

【アドバイス】
「で」でもわかるけれども，by の「で」なら「によって」，with の「で」なら「を使って」とする訓練をしておくと，英訳で困らない．いや英訳するときに困らない．

【答え】
(1) ルンゲクッタ法によって常微分方程式の数値解を得た．
(2) ロータリーエバポレータを使って丸底フラスコ内の有機溶媒を揮発させた．

この絵で何が言いたいのかわかるかな？　を見せると

前の説明でわかるんじゃない？　を読めば

鉄則20
副詞や接続詞はひらがなで書く

語句 あ

　高校までに習う漢字の数が減ってきているためか，見た目の堅苦しさが嫌われるためか，文書中での漢字に対するひらがなの割合が昔に比べて高くなっている．文書全体が白っぽく見える．英語の「or」および「and」に，それぞれに対応する「又は」および「及び」を見かけなくなった．

及び → および	従って → したがって	却って → かえって
又は → または	然しながら → しかしながら	即ち → すなわち

　こうした副詞や接続詞は平仮名，いや，ひらがなで書く．漢字のまま残しておいたら，今の学生さんが，なんと読むのか楽しみである．出版社には校閲部門があって，出版の際にこの辺りを徹底的に点検している．

先ず → まず	次に → つぎに	更に → さらに

　これらもひらがなにする．しかし，「次の式」というように，「次」を形容詞として使うときには「次」は漢字にする．ＪＲ東日本の京浜東北線大井町駅のホームから見える理髪店の看板にその店のモットーが書いてあって，「まづ，あいさつ」とあった．「まづい，いやまずい」

　仕事の関係で特許を申請することがある．特許の文案のなかで，「および」とひらがなで書いて特許事務所に送って校閲してもらうと，内容の修正のついでに「および」は「及び」に訂正されて戻ってくる．特許の文書にはまだ，このルールは及んでいないようだ．特許などの公用文は見た目がいかついほうが好ましいのだろう．

鉄則 21
名詞型と動詞型の述語を使い分ける
語句 あ

名詞型	測定を行う	考察を行う	計算を行う	推算を行う
動詞型	測定する	考察する	計算する	推算する

　上の行のように「"名詞"を行う」という形なら，いくつでも"動詞"を作ることができる．それぞれ下の行のようにしても内容に変わりはない．あえて言うと，"名詞型"のほうが"動詞型"に比べて堅い印象を読み手に与える．"動詞型"は1文字分減らせるせいか，さらりとしている．「実験を行う」は「実験する」でも通じる．英語では，conduct an experimentである．

　理系の文書では，さらりとした"動詞型"を使おう．

【問題】次の文を簡潔にしなさい．
　まず，汚染水中の放射性セシウムを吸着材を使って除去できることの実証を行うために実験を行った．つぎに，吸着モデルを基にして，放射性セシウム濃度についての微分方程式を立て，その式を数値計算によって解いた．さらに，実験と計算の差について考察を行った．

【アドバイス】　理系作文は，「簡潔に，正しく，数値を使って」書こう．問題文には「行う」や「行った」が3ヵ所あるが，答えにはない．「実証」とは実験で示すことだ．「実証を行うために実験を行った」は内容が重複するので「実証した」にする．「差について」は「差を」でわかる．このように修正と加筆を繰り返す作業が推敲である．問題文の122文字は107文字になる．簡潔になると読み手の負担が軽くなる．

【答え】
　まず，汚染水中の放射性セシウムを吸着材を使って除去できることを実証した．つぎに，吸着モデルを基にして，放射性セシウム濃度についての微分方程式を立て，その式を数値計算によって解いた．さらに，実験と計算の差を考察した．

鉄則22

主語の選択が何より大事

 文

　文章作法を説いた本に「受動態を避け, 能動態で書きなさい」というルールが載っていることがある. ちょっと待ってほしい. 文章で最も大切な言葉は「主語」なのである. **主語が決まると態が決まる. 態から主語を決めてはいけないのだ！**

---

(1) The experiment was conducted at 25℃．

これを能動態で表すと,

---

(2) We conducted the experiment at 25℃．

　高校の「英文法」の授業で, 態の書換えを繰り返し練習したことを覚えている. 書き換えても意味に大差がないと私は思っていた. ところがどっこいそうではない.

---

(1) その実験は 25℃で行われた.
(2) 私たちは実験を 25℃で行った.

　これらの文には大きな差がある.（1）は, 実験条件のひとつとして温度を示している.（1）は「その実験を 25℃で行った」と訳してもよい. **日本語文では文の先頭に出ている語が中心である**から, 「その実験は」でも「その実験を」でも, 文の先頭にあればよい. 他方（2）は, 他の人が 25℃では行っていなかったので, 私たちはあえて今回 25℃で行いましたという文意である. なんでもかんでも能動態で書こうとしてはいけないのだ！

「能動態で書くほうがよい」は間違い　　ついでに理系英語 3

　主語はその名のとおり，文の主なる語なのだから，わざわざ強める必要は
ない．こういう考えに立つと，理系の英文には受験の英文法で習う強調構文
は不要だ．また，主語を軽量にしてしまう"形式"主語も登場しない．主語
は文の先頭に立っていればよいのだ．

　理系のたいていの分野では，"ヒト"が主語になりにくい．現象だったり，
材料だったりが中心なので，"モノゴト"が主語になる．モノゴトを主語に
したとき，受け身にしないで済む動詞が英語には多くある．受け身を使う必
要はないわけだ．

COVID-19 has caused human illness and death.

　理系の文章では主語はその名のとおり，最も大切な語である．受動態か能
動態かを選ぶ前に，主語を選んで，それから態を選べばよい．「能動態を使
おう」という意識は不要である．繰り返し言いたい！　主語を選んだ結果と
して態が決まる．

鉄則 23
パラレリズム（並列構造）を整える

文

　リズム（rhythm）のある歌は覚えやすい．リズムを与える方法のひとつがパラレリズム（parallelism）を活用することである．パラレリズムは日本語で「並列構造」という．ついでに言うと，parallel line は数学で「平行線」のことである．

　詩はこのパラレリズムを多用している．例えば，中原中也と三好達治の詩の一部を紹介しよう．

幼年時	少年時
私の上に降る雪は	私の上に降る雪は
真綿のやうでありました	霙（みぞれ）のやうでありました

（中原中也「生い立ちの歌 I 」より）

太郎を眠らせ，太郎の屋根に雪ふりつむ
次郎を眠らせ，次郎の屋根に雪ふりつむ

（三好達治「雪」より）

　私たちの記憶に永く残る詩の部分はパラレリズムが上手な部分である．気持ちよくリズムに乗って内容を読み手に伝えたい，長い間，覚えてほしいならば，私たちも中也さんに負けずに，昼夜，パラレリズムに気を配ろう．達治さんをまねて，パラレリズムの達人になろう．

ついでながら，歌詞はメロディがあるから，パラレリズムが採用される．

<table>
<tr><td>いつだって　わすれない
エジソンは　えらい人
そんなの常識　タッタタラリラ</td><td>いつだって　迷わない
キヨスクは　駅の中
そんなの有名　タッタタラリラ</td></tr>
</table>

<table>
<tr><td>まわるまわるよ時代は回る
喜び悲しみくり返し
今日は別れた恋人たちも
生まれ変わってめぐり逢うよ</td><td>めぐるめぐるよ時代は巡る
別れと出逢いをくり返し
今日は倒れた旅人たちも
生まれ変わって歩きだすよ</td></tr>
</table>

**　読み手にリズムを与える文章は声を出して読んだときに，聴き手にもリズムを与えて，その心に沁み込んでいく．** したがって，パラレリズムを活用すると，プレゼンテーションでのシナリオ作りにも役立つ．

　詩や歌詞を例にしているので，理系の人間には関係ないと思うかもしれない．そうではない．伝わる文章を書くにはパラレリズムはとても便利な構造である．

【問題】下線部を比較して, パラレリズム (並列構造) を整えなさい.

(1) 金属球の内部では伝熱によって熱が移動するのに対して, その外部では対流による熱移動が起きている.

(2) 本研究の目的は, まず, ドコサヘキサエン酸 (DHA) を精製するための銀イオン固定材料を作製すること, つぎに, 材料へのDHAの吸着容量の測定である.

(3) 基質の濃度が低いときには反応速度は濃度に一次であった. 一方, 基質が高濃度のときには反応速度は濃度にゼロ次であった.

【アドバイス】 パラレリズムにふだんからこだわってほしい. 作詞家になったつもりで, 1番と2番の歌詞の語数を合わせる工夫をしてほしい. パラレリズムを活用すると, リズムがつくので, 読み手は心地よく文章を理解してくれる.

【答え】 前に合わせて後を変えても, 後に合わせて前を変えてもパラレリズムを整えることができるので, 答えは2通りになる.

(1) ・対流による熱移動が起きている ➡ 対流によって熱が移動する
　　・伝熱によって熱が移動する ➡ 伝熱による熱移動が起きている

(2) ・吸着容量の測定である ➡ 吸着容量を測定することである
　　・銀イオン固定材料を作製すること ➡ 銀イオン固定材料の作製

(3) ・基質が高濃度のときには ➡ 基質の濃度が高いときには
　　・基質の濃度が低いときには ➡ 　基質が低濃度のときには

【問題】パラレリズムに注意して, 文中で修正したいところを1ヵ所指摘しなさい.
　流体中を物質が移動する様式は2つある. ひとつは, 物質の濃度分布とは無関係に, 流体全体の流れに乗って輸送される様式であり, 「対流」と呼ばれる. もうひとつは, 濃度の高い方から低い方へと濃度差に比例して, 正確に言うと, 濃度勾配 (濃度差をその距離で割った値) に比例して移動する様式であり, 「拡散」と呼ばれる.

【答え】 (2行目) 輸送される ➡ 移動する
　流体中を物質が移動する様式は2つある. ひとつは, 物質の濃度分布とは無関係に, 流体全体の流れに乗って移動する様式であり,「対流」と呼ばれる. もうひとつは, 濃度の高い方から低い方へと濃度差に比例して, 正確に言うと, 濃度勾配 (濃度差をその距離で割った値) に比例して移動する様式であり,「拡散」と呼ばれる.

鉄則 24

文の長さは 3 行までとする

 文

　英語の論文を日本語に翻訳して書き出すと，1 つの文が 3 行を超えることがよくある．こうした文を疲れているときに読むと内容が頭にさっぱり入ってこない．他方，短い文がたくさん並んでいても，信号機に毎回ひっかかりながら道路を走る車に乗っているようで，スイスイと読み進めない．**適度な長さの文が連なっている段落が読み手には心地よいのだ．**

　作文をするときには，文の長さの上限を初めから決めておこう．**1 文で 3 行分を超えたなら，その文の先頭に戻って読み直し，どこかでばっさりと切る．**切って，読み手の負担を減らすのだ！　そうすれば続けて読んでもらえる．切れ目の後には，接続詞を入れることも考えよう．

　翻訳会社を経営する T 氏からすばらしい話を聞いた．紹介しよう．会社の朝礼で毎日，社員の前でこう言っているそうだ．「今日も，3 行革命でいきましょう！」　もちろん，「産業革命」をもじっている．

　理系作文は読んでもらって，理解してもらってなんぼである．読み手にお金を払っているのなら，読んでもらえるだろうが，そうではない．読み手に読み続けてもらえることを前提としてはいけない．

【問題】次の文を校正しなさい．ただし，内容を変えてはいけない．

　海水 1 トン中には，塩素が塩化物イオンという形態で 4.8×10^2 mol/m^3 という濃度で溶けているのに対して，ウランはおもに三炭酸ウラニルイオンという形態で 1.4×10^5 mol/m^3 という濃度で溶けているので，海水中でのウランの塩素に対するモル比は 3400 万分の 1 である．

【アドバイス】　読み手を疲れさせる長い文章はいただけない．3 行を目安にしよう．

【答え】　（2 行目）溶けているのに対して，➡ 溶けている．これに対して，
　　　　　（3 行目）溶けているので，➡ 溶けている．したがって，

鉄則 25

「である」調に統一する

文

　「吾輩は猫である」という「である」調の文章を「ですます」調の文章にすると，「吾輩は猫です」になり，聞きなれていないためか調子が狂います．いや狂うのである．「本研究の目的は次の3点です」はプレゼンテーションには適しているが，「本研究の目的は次の3点である」のほうが重みがある．**研究論文，報告書，そして特許を書く場合には「である」調が無難である．**

　「……だ」は「である」調とは言えない．したがって，論文中に「……だとわかった」とあれば「……であることがわかった」に修正する．なお，この本の文章はフォーマルではないので，「……である」に「……だ」が混ざっている．

　「ですます」調で書いて提出した原稿を，編集者から「である」調に書き換えてくださいと指示されて，急いで文尾だけを「である」や「する」に変換したことがある．修正原稿の出来はわるかった．「ですます」と「である」とでは，文尾でない部分で使う用語が少しずつ違っているからである．そういうわけで，**フォーマルな文書は初めから「である」調で書くのがよい．**

　話し言葉は「ですます」調である．吉野家に行って「ご注文は？」ときかれて「特盛である」と応えたら，「私の名は平 特盛である」のように聞こえる．「ですます」調は，やわらかいので，手紙やメッセージ文に適している．読み手は身構えずに読んでくれる．

　ついでながら，**論文や報告書には敬語は不要である．**「既往の研究をご紹介すると……」とは書かない．敬語を使い出すと，文章が長くなるので困る．

【問題】 理系文書の日本語として不適切な箇所があれば修正しなさい.

(1) その反応は一次反応だとわかった.

(2) 既往の研究を以下にご紹介する.

(3) 実験装置を図 2 に示しております.

【アドバイス】

(1) 「……だ」は口語に近い.

(2) 「ご紹介する」は敬語の丁寧語である. 理系の日本語文では敬語を使わない.

(3) 「示しております」は謙譲語である.

【答え】

(1) だとわかった ➡ であるとわかった

(2) ご紹介する ➡ 紹介する

(3) 示しております ➡ 示す

【問題】 理系文書の日本語として不適切な箇所を 1 ヵ所修正しなさい.

　家庭用浄水器の内部構造を図 1 に示す. 浄水器は「活性炭充填層」と「多孔性中空糸膜モジュール」とからできている. まず, 水道水は活性炭充填層に向かう. 水道水は活性炭の粒と粒の間を流通しながら, 水中に溶けている有機物が活性炭の外部表面に吸着, あるいは孔に入っていきその内部表面に吸着する. 活性炭表面は疎水性なので, どちらかと言うと疎水性の有機物, 例えば, ベンゼン環を有する化合物が吸着する. 活性炭の表面積は 1 g 当たりに 1000 ～ 2000 m^2 程である.

　活性炭充填層から抜けた水は, つぎに, 「多孔性中空糸膜モジュール」に至る. モジュールとは多孔性中空糸膜の「集合体」のことだ. 集合体といっても, 膜なので両側が隔てられている. 中空糸（マカロニの形をした糸）状で, 中空糸の外面側と内面側の間の膜厚の部分は多孔性高分子でできている. しかも多数本のポリエチレン製の中空糸が U の字状に束ねられていて, その U の字の束上部 5 mm 程だけは外面側が接着剤で固められ, つながっている.

【答え】 （8 行目）だ ➡ である

鉄則 26

否定形を避ける

文

　「検討しないわけではない」という表現では積極的な取り組みを期待できない．「検討する」というストレートな表現が読み手にはわかりやすい．それに文字数を 7 つ減らせる．

　憧れの人に胸の内を思い切って伝えたとき，「あなたのことを嫌いなわけではありません」と言われたら，少なくともよいスタートではない．**理系の文章では「……ない」という否定文をなるべく使わない．**いや，避ける．

　理系文書に必要な 3C（concise, clear, correct）のうち，concise を実現する鉄則のひとつが「否定文を避ける」である．特に

> **部分否定**「すべてが……とは限らない」
> **二重否定**「……ない……はない」

は，ややこしくなるので使わないようにしたい．

　理系の文書は，小説の文章とは違い，「行間を読ませる」とか「余韻を残す」といった文章技法は不要である．したがって，文学作品をたくさん読んでも理系の文書作りが上達するとは限らない．いや，上達しない．

【問題】理系文書の日本語文として好ましい文章に書き換えなさい．
（1）芳香族有機化合物を吸着しない活性炭はない．
（2）すべてのイオン交換樹脂が高温で使えるわけではない．

【アドバイス】　読み手にとってややこしい表現は厳禁．読み手に余計な負担をかけないようにしよう．問題 (1) は二重否定，(2) は部分否定．使わないようにする．

【答え】　（1）活性炭は芳香族有機化合物を吸着する．
　　　　　　（2）高温で使えないイオン交換樹脂がある．

ひと休み　　　　3C

　理系英語の学習を始めると，まず，理系文書のめざす方向（方向性）として『3C』が説明される．concise, clear, correct の先頭の文字をつなげて3Cができる．3つの形容詞の順番はどうでもよい．「簡潔，明確，正確」な文書を書きましょうという基本方針である．

　私はこの3Cの伝道に苦労した．千葉大学で学部2年生向けの「化学英語」の講義のなかで，3Cを学生に覚えてもらうため『千葉版3C』を考案した．DisneySea，ふなっしー，そして鴨シーである．「ふなっしー」は千葉県船橋市のゆるキャラだ．船橋周辺には梨の名産地（例えば，鎌ケ谷）がある．また，「鴨シー」は「鴨川シーワールド」の略称である．

　学生は「くだらなすぎる」と当初，あきれた顔をするが，この科目が必修科目であることに気づき，苦笑に変える．「人間の脳はくだらないことほど，よく覚える．それが記憶の仕組みだ」と，私はニセ脳学者になりきって，「明朝，起きたら覚えているのはこの千葉版3Cだけだぞ」とすごむ．肝心のconcise, clear, correct にたいていの学生はたどり着けない．

　私は，concise と clear の差異をうまく説明できないので，clear の代わりに concrete（具体的な数字を使った）を学生に奨める．学生は日頃「めちゃいい」とか「やばい」とか言っている．「3倍，わかりやすくなった」とか「50%，わかりにくくなった」とか言うように心掛けろと指導する．人によって数字の価値は異なるのだから，文に数字を入れると「文はすごくよくなるぞ」と言い放つ．

鉄則 27

疑問形を避ける

---

(1) 反応時間を増やすと反応率は<u>どうなるのか</u>を調べた.

(2) <u>なぜ</u>, タンパク質は多層で表面に結合<u>するのか</u>を考察した.

(3) 本研究で得られた材料が従来の材料に比べて<u>どのくらい</u>優れて<u>いるか</u>を説明する.

という文中にある,**「どうなるのか」「なぜ, ……のか」「どのくらい……か」という疑問形を理系の文書では使わない.** 英語の文章でも, how や why といった疑問詞は理系の文書には登場しない.

　学会での質問のやりとりの中では,「どうやって?」「なぜ?」「どうして?」の使用はもちろん OK だ. しかし, 理系の文書では

---

(1) 反応時間と反応率との関係

(2) タンパク質が多層で表面に結合する理由

(3) 本研究で得られた材料の従来の材料に対する優位性

という落ち着いた表現を採用する. 読み手を疑問にわざわざ付き合わせるのは避けよう. 英語なら, それぞれ次のようになる.

---

(1) the relationship between A and B

(2) the reason for A

(3) the advantage of A over B

【問題】理系文書の日本語文として不適切な箇所があれば修正しなさい.

(1) 反応温度を上げると反応率はどうなるのか調べた.

(2) なぜセシウムが結晶内部に取り込まれるのかを考察した.

(3) 本研究で得られた結果が既往の研究結果に比べてどのくらい優れているのかを説明する.

【アドバイス】

　理系の日本語文では落ち着いた表現が好まれる.つい使いたくなるけれども,疑問形を使わないようにしよう.

【答え】

(1) 反応温度と反応率との関係を調べた.

(2) セシウムが結晶内部に取り込まれる理由を考察した.

(3) 本研究で得られた結果の既往の研究結果に対する優位性を説明する.

文の鉄則

鉄則 28

修飾語の係りを点検する

「長いアミノ基をもつ高分子鎖」

　書き手である私には「長い」と「アミノ基をもつ」の2つの語を，ともに「高分子鎖」に掛けている思いがある．化学に詳しい読み手なら，アミノ基（-NH₂）に長いも短いもないから，わかってくれるだろう．

　でも，それではだめだ．下のように，短い修飾語「長い」が直後の「アミノ基」を修飾していると読み取る読み手がいてもおかしくない．いやそれがふつうだ．

「長いアミノ基をもつ高分子鎖」

　意図していない語句に係ってしまうのを避けることが肝心である．「長い」と「アミノ基をもつ」の順序を逆にして，

「アミノ基をもつ長い高分子鎖」

とすれば誤解を生まない．

　2つの修飾語があるときには，長い修飾語を短い修飾語より先に置くとよい．推敲の段階でこの"**長短順の修飾**"のルールを点検するのは当然のこととして，「単純な点検しやすいルール」，いや「点検しやすい単純なルール」なのだから，原稿作成の段階から気をつけるようにしよう．

【問題】 次の語句を，誤解を生まない語順に修正しなさい.

（1） プラスチック製の微生物の入った試料管

（2） 単純な点検のしやすいルール

（3） 長いイオン交換基をもつ高分子鎖

【アドバイス】

「プラスチック製の微生物」は，読み返せば変だと気づく. これは修飾語の長さの問題ではない.

【答え】

（1） 微生物の入ったプラスチック製の試料管

（2） 点検のしやすい単純なルール

（3） イオン交換基をもつ長い高分子鎖

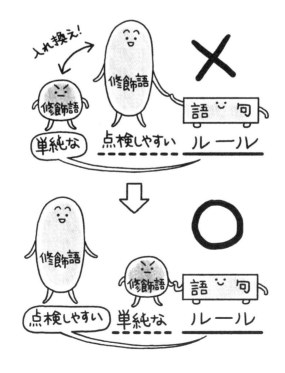

鉄則 29

係り結びの距離を狭める

文

修飾語と被修飾語

次の3つの句を比べよう.

---

(1) <u>新しい</u><u>材料</u>の用途の調査方法

(2) 材料の<u>新しい</u><u>用途</u>の調査方法

(3) 材料の用途の<u>新しい</u><u>調査方法</u>

普通に読むと,3つの句の「新しい」が係るモノゴトはそれぞれ異なるように読める.グレーにした「新しい」は,すぐ次にある下線部の言葉に係っている.

書き手がこの3つの違いを意識して書いているのなら OK である.しかし,たとえば(1)で,「新しい」が「調査方法」に係るつもりで書いているとなると,読者には正確に伝わらない.

修飾語(ここでは,「新しい」)と被修飾語(ここでは,「材料」,「用途」,または「調査方法」)は直結していると誤解が生じない.修飾語と被修飾語が離れてしまうと誤解が生じやすい.

主語と述語の係り結び

> (4) 私たちの研究グループは，従来の○○材料の欠点を，△△法を
>   適用することによって克服した．

という文章では，主語が「私たちの研究グループは」で，述語が「克服した」である．「係り結びの距離を狭める」というルールに従うなら，

> (5) 従来の○○材料の欠点を，△△法を適用することによって，私
>   たちの研究グループは克服した．

となる．しかし，（5）になると，第22条で説明した「主語すなわち一番言いたいことを文頭に置く」というルールに反する．そこで，（4）のように「私たちの研究グループは」の直後にコンマを入れ，「述語が離れるよ！」と読み手に合図をする．**コンマには「係り結びの距離が離れている」ことを示す役割もある.**

【問題】 次の文に読点（コンマ）を打ちなさい.
　私たちは市販のナイロン繊維の表面に付与された高分子鎖中でフェロシアン化コバルトの沈殿形成が起きる手法を使って放射性セシウム除去用の吸着繊維を作製した.

【アドバイス】　長い文に2つの読点（コンマ）を打つと，文頭の「私たちは」と文尾の「吸着繊維を作製した」の係り結びが明確になる．まさに読みやすくなり，読点の面目躍如である.

【答え】
　私たちは，市販のナイロン繊維の表面に付与された高分子鎖中でフェロシアン化コバルトの沈殿形成が起きる手法を使って，放射性セシウム除去用の吸着繊維を作製した.

文の鉄則

鉄則 30

読点をじょうずに打つ

文

句読点の組み合わせ

　日本語文中の句読点は，「、」（読点）「,」（コンマ）「。」（句点）「.」（ピリオド）の４つである．その組み合わせは４種類ある．

	、（読点）	,（コンマ）
。（句点）	、　。	,　。
.（ピリオド）	、　.	,　.

　縦書きの日本語文には「,」「.」は使えない．理系の文書は横書きなので，どの組み合わせでもよい．私は「,」と「.」の組み合わせが気に入っている．
　異なる組み合わせが混ざっていると，パソコンを使って，他の文書ファイルから文書をコピペ（copy and paste）してきたことがわかってしまう．他の文章を参考にすること自体はわるいことではないにしても，コピペの形跡を残さないようにするのが文作りのエチケットである．

読点の役割

　句点（ピリオド）は文の終わりに打つのだから使い方は明確だ．一方，読点（コンマ）の打ち方には厳密なルールがない．**文章を読みやすくするのが，その名のとおり，読点の役割だ．「読みやすく」には「文の意味を取り違えないように」という役割も含んでいる．**
　読点の多い人と少ない人がいる．水泳で息継ぎが多い人と少ない人とはおそらく無関係だ．読点が多すぎるのは，自転車を走らせていて信号のたびに赤信号に引っかかって進まない状況，一方，読点が少ないのは，休みがなくて疲れてくる状況に対応する．**読点は適度に打つようにしたい．**

転んでもよいからコロンを使おう！

　英語の句読点には「，」「；」「：」，および「．」の4種類がある．それぞれコンマ（comma），セミコロン（semi-colon），コロン（colon），およびピリオド（period）である．両端の「，」と「．」を組み合わせた記号が真ん中の2つの記号「；」と「：」である．「，」「；」「：」，および「．」は，右へ行くほど文と文との切れがはっきりしていく．「君とは，ここでピリオドを打とう」では復縁の可能性がない．「君とは，いったん，ここでセミコロンを打とう」と言っておくと復縁も可能だ．ただし，聞いたことはない．英文ではこれらの4つの句読点を厳密に使い分けている．

【問題】次の英文の下線部を，コロンやセミコロンに注意して，日本語文にしなさい．

(1) <u>The recovery process of uranium from seawater consists of three systems</u>: (a) adsorption from seawater using an amidoxime resin, (b) purification of the eluate with another chelating resin, and (c) further concentration of uranium using an anion-exchange resin.

(2) Diffusional mass-transfer resistance of the protein to the ion-exchange group was negligible; <u>therefore, the higher flow rate of the protein solution enabled the higher overall adsorption rate.</u>

　　consist of ～：～から成る，flow rate：流量，overall adsorption rate：総括吸着速度

【アドバイス】

(1) コロン（:）は，「すなわち」または「例えば」と訳す．ここは「すなわち」がぴったり．または「海水からのウラン採取プロセスは次の3つのシステムから成る．」でもよい．

(2) セミコロン（;）は，直後に therefore があれば「したがって」，直後に however があれば「しかしながら」と訳す．セミコロン（;）は，ピリオド（.）で切るには忍びないほど文と文とが密接なときに使う．なお，日本語ではコロンもセミコロンも使わない．「蝉，転んだ」とは言う．

【答え】

(1) 海水からのウラン採取プロセスは3つのシステムから成る．すなわち，

(2) したがって，タンパク質溶液の流量が高くなればなるほど，総括吸着速度をそれだけ速くすることができた．

鉄則31

時制を正しく使う

文

時制を英語で tense という．代表的な時制は次の3つである．

> **現在形**（present tense）
> **過去形**（past tense）
> **現在完了形**（present perfect tense）

　理系の文書では，「結論」の最後の部分に，将来展望があるときに未来（future）形が登場することがある．「この研究成果は，今後，○○に役立つであろう」と結ぶわけであるが，責任ある文章ではない．

(1)「緒言」で，これまでの研究を紹介したり，要約したりするときに，現在完了形を使う．

　「これまでに○○の解明がなされてきた」「これまでに△△できる材料が開発されてきた」．こうした文は，現在完了形が得意とする，過去からの"継続"を表している．現在完了形とは言っても，「春が来た．そして今，春です」（Spring has come.）の"完了"の表現とは違う．

(2)「実験」は過去形で書く．

　実験をすでに終えて研究論文や報告書を書いているからである．過去形は厳密に言うと，「○月△日」とか「昨日の14時」とか日時を指定して書くべきである．しかし，実験日をいちいち書くのもたいへんだし，読み手もそれを必要としないので，暗黙の了解として日時を省略することになっている．ただし，世界を驚かす発見や発明では，ペーパーの投稿日や特許の申請日は大切になる．

(3)「結果と考察」では，「結果」は過去形，「考察」は現在形で書く．

　実験で得たデータから図面を作り，その図面から結果を，例えば，「△の増加につれて，○は減少した」と過去形で冷静に書く．それに続けて，考察を加えるときには，例えば，「それは□であるからである」と現在形で冷徹に書く．「冷静に」も「冷徹に」も似たようなことで，「うまくいってるでしょ！　すごいでしょ！　という感情を抑えて」ということだ．

　結果の理由を絞り切れないときには，理由を複数個，並べることもある．英文なら助動詞（will, may, can）を使って，少しぼかす書き方がある．また，既往の研究成果を引用して似ている点や異なる点を述べる．

X is shown in Figure 3.

X is shown in Table 1.

　日本語では「図に示す」「表に示す」でも「図に示した」「表に示した」でも意味に差はない．しかし，英語では上の例のように必ず**現在形で表す**ので，日本語でも現在形で書く習慣をつけたい．

　ついでながら，図 3 も表 1 も固有名詞だから，figure 3，table 1 ではなく，Figure 3，Table 1 と**先頭の文字を大文字にする**．ずさんにならないようにしてほしい．

【**問題**】次の文を時制に注意して修正しなさい．

(1) 2010 年代からこの計算手法が採用された．（【緒言】の文）

(2) 溶液の pH を 8.0 に調整する．（【実験】の文）

(3) 繊維から微粒子が欠落しないのは，繊維に付与された高分子鎖と微粒子との間に静電的引力が働くからであった．（【考察】の文）

【**アドバイス**】

(1)「～から」という継続だから現在完了形が適切である．

(2) 実験は過去形が原則．日付があってもよいが，実験ノートに書いておけばよい．

(3) 理由の考察は，実験結果ではないので過去形を使わず，現在形で書く．

【答え】

(1) 2010 年代からこの計算手法が採用されてきた.

(2) 溶液の pH を 8.0 に調整した.

(3) 繊維から微粒子が欠落しないのは, 繊維に付与された高分子鎖と微粒子との間に静電的引力が働くからである.

「示した」でも「示す」でも英語は現在形 　ついでに理系英語 5

【問題】 次の日本語を時制に注意して英文にしなさい.

(1) 海水中のウランを捕集できる材料が開発されてきた.

(2) ウラン吸着量と接触日数との関係を図 2 に示した.

(3) キレート吸着材についての既往の研究を表 1 にまとめた.

材料：material, ウラン吸着量：the amount of uranium adsorbed, 接触日数：contact day, キレート吸着材：chelating adsorbents, 既往の研究：previous studies

【アドバイス】

　日本語文なら「示す」「まとめる」(現在形) でも「示した」「まとめた」(過去形) でも通用する. しかし, 英文では必ず現在形を使う.

【答え】

(1) The materials capable of collecting uranium from seawater have been developed.

(2) The amount of uranium adsorbed is shown in Figure 2 as a function of contact day.

(3) Previous studies on chelating adsorbents are listed in Table 1.

ひと休み　　英語力は日本語力を超えない

　「日本語文よりもじょうずに英文を書けない」なんてことは，冷静に考えればすぐ理解できる．私の場合，この悟りに気づくのに時間がかかった．英語で論文を書く必要に迫られて，理系英語の本を買い揃えて英語の勉強を始めた．日本語は普段使っているし，母国語だから勉強なんてしないでいた．

　そこで英語で段落をうまく書けないという壁にぶつかった．私の場合，「あなたの英語はわかりにくいから校閲を受けなさい．それから原稿を投稿してください」と研究雑誌の編集長から指示を受けた．日本にいる校閲の先生の連絡先まで手紙で教えてくれた．英語で原稿を書いてまだ3報目のことであった．

　どうしよう？　いまさら高校の現代国語や作文の教科書を探し出して，日本語を勉強し直してもすぐに飽きるだろう．そんなときに役立ったのが理系作文の参考書である．日本語でパラグラフをつくって，推敲を何度も繰り返す．ルールを知ったうえで作文すると必ず上達する．さらに，理系作文と理系英語を並走させて学ぶと一挙両得だった．

鉄則 32

段落は 3 つから 6 つの文で作る

段落

1 つの段落は，最低でも 3 文，最高でも 6 文，その間の数の文から作る． 短すぎると読み手は物足りないし，長すぎると疲れる．読み手は不親切で非好意的だと想定したほうがよい．一気に読んでわかる内容にとどめたい．ちなみにこの段落の文の数は 5 つだ．

なんとなく改行し，字下げしてはいけない．書き手は，段落に対する意識を高くもってほしい．段落を積み重ねると論文という文書ができるのだから，段落が文書作成のすべてと言ってもよい．この説明が終わるとひと段落つく．

段落は流れが大事

段落では，キーワードが鎖のようにつながっている．例えば，4 つの文からなる段落で，文中のキーワード A〜E の 5 つが次のようにつながる．

第一文	第二文	第三文	第四文
A ➡ B	B ➡ C	C ➡ D	D ➡ E

段落全体では，A ➡ E にキーワードがつながった．この，A ➡ E をこの段落のベクトル（vector）と呼ぶ．話が進んだ（進化した）わけである．

第一文	第二文	第三文	第四文
A ➡ B	B ➡ C	C ➡ D	D ➡ A

というように，キーワードがつながっている段落でもよい．この場合，段落のベクトルは A ➡ A である．話が深まった（深化した）わけである．

段落で最も重要なことは"流れている"ことである．流れをつくるには**「流れるキーワード」**と**「流れコンシャス（conscious）語」**が必要となる．

流れるキーワード

「流れるキーワード」とは, 前後２つの文にまたがる共通語のことである.

AはBである. BはCである.

この２つの文では「B」が共通語, つまり流れるキーワードである. この後には「CはDである」とつながり, 流れていくわけだ.

流れコンシャス語

一方, 段落の中でキーワードがつながり, 流れて, 段落ができあがる. **この段落内の流れを意識させ, 読み手を助ける言葉を「流れコンシャス語」と名づけよう.** コンシャス (conscious) は「意識した」という形容詞である. 流れコンシャス語には, 接続詞, 指示語, 副詞などがある. 時制を表す語もこれに入る.

「流れるキーワード」と「流れコンシャス語」については次に続く２つの項目で説明する. さらに, 段落を書くこと (パラグラフ・ライティング) の例を３つ, 第Ⅲ部で紹介し,「流れるキーワード」と「流れコンシャス語」を使って解析している. 段落内の流れを実感してほしい.

鉄則 33

流れるキーワードを点検する

段落

　段落にとって最重要なことは流れていることである．段落の構成は，トピック文（topic sentence），サポーティング文（supporting sentence），そしてコンクルーディング文（concluding sentence）という定型とは限らない．「起承転結」型ではもちろんない．

　まずは次の 1 つの段落を見てほしい．

　おばあちゃんを訪ねたら，「よく来たね」と喜んでくれ，お小遣いをくれた．おばあちゃんにもらったお小遣いを持って，帰り道に駄菓子屋に立ち寄った．駄菓子屋でふ菓子の 10 本入り袋を買った．ふ菓子を 1 本取り出し，食べ歩きながら，おばあちゃんの笑顔を思い出した．【文の数：4】

---

　4 つの文からなる段落で「流れるキーワード」は，

　「おばあちゃん」➡「お小遣い」➡「駄菓子屋」➡「ふ菓子」

である．このように，キーワードがつながって流れている段落ができあがった．最後の文中の「おばあちゃん」は直前の文中にないから流れるキーワードとはしない．冒頭の文のキーワードに戻ったことによって段落が引き締まっている．

　つぎに，「高級不飽和脂肪酸の精製」について私たちの研究グループの論文から 1 つの段落をもってきた．

　高級不飽和脂肪酸，特に，ドコサヘキサエン酸（DHA）とエイコサペンタイン酸（EPA）は，網膜や脳の薬として有望である．高級不飽和脂肪酸は，イワシやカツオなどの魚の油に含まれている．しかしながら，薬用には高級不飽和脂肪酸を精製する必要がある．真空蒸留，溶媒抽出，吸着クロマトグラフィー，および超臨界流体クロマトグラフィーが高級不飽和脂肪酸を精製する方法として提案されている．後者の2つの方法は，銀イオンと高級不飽和脂肪酸の炭素 - 炭素二重結合との特異的相互作用に基づいている．この相互作用に基づいたクロマトグラフィーは「銀イオンクロマトグラフィー」と名づけられている．【文の数：6】

6つの文からなる段落で，「流れるキーワード」は，

「高級不飽和脂肪酸」➡「精製」➡「方法」➡「相互作用」➡「銀イオン」

である．このようにキーワードがつながって流れている段落である．

　「おばあちゃん➡➡➡ふ菓子」と「高級不飽和脂肪酸➡➡➡➡銀イオン」の段落は，キーワードがつながって流れている点で差はない．**文をスキップすることなく，丁寧につないでいく作業が"段落書き"（パラグラフ・ライティング，paragraph writing）である．**難しい作業ではない．直前の文を覚えていることが肝心である．

【問題】次の段落の（　　　　）を適当や語で埋めなさい．また，「流れるキーワード」に下線を引くことによって連係を点検しなさい．

　日本の製塩では，電気透析とそれに続く真空加熱蒸発によって，塩の結晶を析出させる．塩の原料となる海水を，まず，海から汲み上げて砂ろ過し，微小粒子や藻類を除く．（　　　），イオン交換膜を装填した電気透析槽にろ過した海水を通して海水の塩濃度を約7倍に濃縮する．得られる海水濃縮液をかん水と呼ぶ．（　　　），かん水を真空式蒸発装置に導入すると，塩濃度が溶解度を超えて塩が析出する．市販されている塩の包装袋に製法として記載されている「イオン膜」と「立釜」は，製塩工程に登場する，それぞれイオン交換膜と真空式蒸発装置を指している．

【文の数：6】

【アドバイス】

　この段落を作るのに5回，修正・加筆をした．製塩工程を説明する段落である．内容の詳細は理解しなくてもよい．「ホップ，ステップ，ジャンプ」という3段飛びのように「まず，……．つぎに，……．さらに，……」という3段階を示す表現を使ってほしい．

【答え】

　日本の製塩では，電気透析とそれに続く真空加熱蒸発によって，<u>塩の結晶を析出</u>させる．<u>塩の原料となる海水</u>を，まず，海から汲み上げて砂<u>ろ過</u>し，微小粒子や藻類を除く．（**つぎに**），イオン交換膜を装填した電気透析槽に<u>ろ過した海水</u>を通して<u>海水の塩濃度</u>を約7倍に濃縮する．得られる<u>海水濃縮液</u>を<u>かん水</u>と呼ぶ．（**さらに**），<u>かん水</u>を<u>真空式蒸発装置</u>に導入すると，塩濃度が溶解度を超えて塩が析出する．市販されている<u>塩の包装袋</u>に製法として記載されている「イオン膜」と「立釜」は，製塩工程に登場する，それぞれイオン交換膜と<u>真空式蒸発装置</u>を指している．

【問題】 次の段落の（　　　　）を適当や語で埋めなさい．また，「流れるキーワード」に下線を引くことによって連係を点検しなさい．

　世界中のどの海にも，1 トン中に約 3 mg の濃度でウランが溶存している．ウランの溶存形態は，ウラニルイオンに 3 つの炭酸イオンが配位した三炭酸ウラニルイオンである．海水からウランを捕集して原子力発電の燃料にするために，ウランの有機系吸着材が開発されてきた．有機系吸着材のウラン捕集原理はキレート形成とホストゲスト相互作用である．前者では，アミドキシム基というキレート基がウラニルイオンを挟む構造を作る．（　　　）では，ウラニルイオンを，大環状化合物の環で囲むあるいは複数の芳香族化合物の盃で包む構造を作る．【文の数：6】

【アドバイス】

　この段落を作るのに 6 回，修正・加筆をした．海水中のウランを捕集するための有機系吸着材の吸着原理を説明する段落である．内容の詳細は理解しなくてもよい．吸着材を相互作用によって大きく 2 つに分けて，順番に説明している．「前者」とくれば「後者」である．英語ではそれぞれ the former と the latter である．少し堅苦しいけれども役に立つ表現である．

　段落づくりには，構成する 3 〜 6 つの文の間でこの流れるキーワードを地道につなげる作業が必須である．こうすると，段落内で論理の飛躍がなくなり，読み手はストレスを感じることなく読み進めるだろう．この「流れるキーワード」のトレーニングを積んでいくうちに，段落づくりが苦痛でなくなるはずだ．

【答え】

　世界中のどの海にも，1 トン中に約 3 mg の濃度で<u>ウラン</u>が溶存している．<u>ウラン</u>の溶存形態は，ウラニルイオンに 3 つの炭酸イオンが配位した三炭酸ウラニルイオンである．海水から<u>ウラン</u>を捕集して原子力発電の燃料にするために，<u>ウランの有機系吸着材</u>が開発されてきた．<u>有機系吸着材</u>の<u>ウラン</u>捕集原理は<u>キレート</u>形成とホストゲスト相互作用である．前者では，アミドキシム基という<u>キレート</u>基が<u>ウラニルイオン</u>を挟む構造を作る．（**後者**）では，<u>ウラニルイオン</u>を，大環状化合物の環で囲むあるいは複数の芳香族化合物の盃で包む構造を作る．

鉄則 34

流れコンシャス語を活用する

段落

　従来の研究を分類したり，結果や理由を列挙したりするときには文章は枝分かれする．そのときには，**"分岐"の流れを意識させる「流れコンシャス語」を使う**．流れコンシャス語のひとつである接続詞の代表は，次の2つである．

順接「したがって」

逆接「しかしながら」

　副詞には，例えば，**順序**を表す次の三つがある．

「まず」「つぎに」「さらに」

がある．「第一に」「第二に」「第三に」も同じ類の語である．

　対比を表すときには次の語などを使う．

「一方」「これに対して」「他方」

　こうした流れコンシャス語は段落の中で，行先案内板のように，読み手に流れの道筋を示すことができる．「さて」とか「ところで」は，段落の途中で使ってはいけない．段落内の流れを止めてしまうからである．

　「高級不飽和脂肪酸の精製」についての私たちの研究グループの論文から1つの段落を取り上げて，流れコンシャス語を拾い出してみよう．

　この吸着挙動は，厚さ方向に銀イオンが均一に固定された多孔性中空糸膜の厚さに沿った置換吸着を示している．初期段階で，銀イオンに対してより強い親和性をもつDHA-Etは，中空糸膜の内面側でより多くの銀イオンを占有している．一方，より弱い親和性をもつOther-Etsは，DHA-Etの先を行って外面側でより多くの銀イオンを占有している．第二段階で，DHA-Etは吸着したOther-Etsに置き換わり続ける．その結果，Other-Etsの流出液濃度が供給液濃度の値を超えた．最終段階で，すべての銀イオンはDHA-Etに占有され，そのため，透過の間にさらに吸着するエチルエステルはなかった．

【文の数：6】

　「初期段階で」「第二段階で」「最終段階で」は時間の経過の順を教えてくれる流れコンシャス語である．「一方」は対比を示してくれる流れコンシャス語である．**流れるキーワードと流れコンシャス語が絡みあって，段落の内容が読み手に伝わるようになる．**この段落は，物質名，材料名，そして現象名に専門用語がふんだんに登場するので難しく感じる．しかし，段落の構成は普通である．

　最後に，流れコンシャス語を整理してまとめておく．

	流れコンシャス語の例
(1) 分類	3つに分けられます．まず，……．つぎに，……．さらに，……．
(2) 対比	……．一方，……． ……．これに対して，……．
(3) 順接	……．したがって，……．
(4) 逆接	……．しかしながら，……．

【問題】次の段落の（　　　　　）を「流れコンシャス語」で埋めなさい．また，「流れるキーワード」に下線を引くことによって連係を点検しなさい．

　東京電力福島第一原子力発電所のメルトダウン事故によって発生した汚染水には放射性核種が溶けている．そこで，セシウム（Cs）やストロンチウム（Sr）の放射性核種を除去できる固体吸着材が開発された．Cs用吸着材にはフェロシアン化金属が選ばれた．Csイオン（Cs^+）は同族のカリウムイオンとのイオン交換によってフェロシアン化金属の結晶格子内に捕捉される．（　　　　　　），Sr用吸着材にはイミノジ酢酸型キレート樹脂が選ばれた．Srイオン（Sr^{2+}）は同族のカルシウムイオンと化学的性質が似ているため，両イオンともにイミノジ酢酸型キレート樹脂に捕捉される．【文の数：6】

【アドバイス】

　この段落を作るのに5回，修正・加筆をした．福島第一原発の除染，特に，放射性のセシウムイオンとストロンチウムイオンの除去の方法を述べた段落である．セシウムとストロンチウムを対比するためには，流れコンシャス語として，「また」では表現が弱い．流れコンシャス語として，「これに対して」や「一方」が適当である．

　流れるキーワードは，「これに対して」を跨いで途切れる．しかし，流れコンシャス語「これに対して」が分岐していることを示すので，ひとつ前の文を飛び越して第2文と第4文をつなげることができる．このとき，「Sr」が流れるキーワードである．

【答え】

　東京電力福島第一原子力発電所のメルトダウン事故によって発生した汚染水には<u>放射性核種</u>が溶けている．そこで，<u>セシウム（Cs）</u>やストロンチウム（Sr）の<u>放射性核種</u>を除去できる固体吸着材が開発された．Cs用吸着材には<u>フェロシアン化金属</u>が選ばれた．Csイオン（Cs^+）は同族のカリウムイオンとのイオン交換によって<u>フェロシアン化金属</u>の結晶格子内に捕捉される．（**これに対して**），<u>Sr</u>用吸着材にはイミノジ酢酸型キレート樹脂が選ばれた．Srイオン（Sr^{2+}）は同族のカルシウムイオンと化学的性質が似ているため，両イオンともにイミノジ酢酸型キレート樹脂に捕捉される．

【問題】 次の段落の（　　　　）を「流れコンシャス語」で埋めなさい．また，「流れるキーワード」に下線を引くことによって連係を点検しなさい．

　流体中を物質が移動する様式は 2 つある．ひとつは，物質の濃度分布とは無関係に，流体全体の流れに乗って物質が移動する様式であり，「対流」と呼ばれる．（　　　　　　），濃度の高い方から低い方へと濃度差に比例して，正確に言うと，濃度勾配（濃度差をその距離で割った値）に比例して物質が移動する様式であり，「拡散」と呼ばれる．「対流」と「拡散」は同時に起きているけれども，どちらかが圧倒的に優勢である場合がある．【文の数：4】

【アドバイス】

　この段落を作るのに 4 回，修正・加筆をした．流体中の物質移動の様式を 2 つに分類した文である．第一文で 2 つあると宣言しているので，それを受けて，「ひとつは」と「もうひとつは」となる．3 つあると宣言した場合には，「第一の様式は，」「第二の様式は」そして「第三の様式は」とする．段落作りでは，流れるキーワードを点検しながら，流れコンシャス語を適切に挿入して，段落の構成，例えば，分類や対比を明示できる．

【答え】

　<u>流体中</u>を<u>物質が移動する様式</u>は 2 つある．ひとつは，物質の濃度分布とは無関係に，<u>流体</u>全体の流れに乗って<u>物質が移動する様式</u>であり，「対流」と呼ばれる．（**もうひとつは**），濃度の高い方から低い方へと濃度差に比例して，正確に言うと，濃度勾配（濃度差をその距離で割った値）に比例して<u>物質が移動する様式</u>であり，「<u>拡散</u>」と呼ばれる．「対流」と「<u>拡散</u>」は同時に起きているけれども，どちらかが圧倒的に優勢である場合がある．

鉄則 35
「緒言」には 3 つ以上の段落を書く

段落

　研究論文の本体（body）の最初に登場するセクションが「緒言」である．解説記事などでは「はじめに」ということが多い．これに呼応して本体の最後に現れるセクションが，「結論」（「結言」とも呼ぶ）であり，解説記事では「おわりに」である．名だけでなく中身も呼応している必要がある．

　英語で「緒言」は "introduction"．研究をまさに " 紹介 " するのが「緒言」の役割である．「緒言」には最低でも 3 つの段落が必要だ．

第 1 段落　**研究の背景(background)を述べる．**この背景を読んでもらって，研究の分野やニーズを読み手に伝える．

第 2 段落　**研究の経緯（歴史）や現状を述べた後に，未解決な課題や未解明な問題を指摘する．**「これまで○○がなされてきた」「しかしながら，△△についてまだ……されていない」というような文章が登場する．

第 3 段落　**第 2 段落で指摘した課題や問題を解決あるいは解明するアイデアや方法を提案して，研究の目的を読み手に具体的に宣言する．**こうして自分の研究の立ち位置を明示できる．

　この 3 つの段落を書くための書き手の仕事は多い．

- 従来の研究を調査して，その全体像を自分なりに作り上げる．
- その重要な点（ボトルネック）や，未解決，未解明である点を示す．
- 「自分のアイデアによって，それを解決，解明してみせましょう！」とアピールする．

　こうした仕事をするセクションが「緒言」である．「緒言」に勢いがあると読み手はワクワクする．特に，計画書の場合には，その目的が達成されている保証がないのに対して，論文の場合には，その目的が達成されたから論文になっているので，安心して読み進んでいける．

■「緒言」の段落例

当時，学部 4 年生であった武田俊哉氏が中心になって実施し，発表した研究論文〔Toshiya Takeda *et al.*, *Ind. Eng. Chem. Res.*, **30**, 185-190（1991）〕からの抜粋．自作した繊維状吸着材をカラム（層）に充填し，太平洋沿岸で，ろ過した海水を 1 ヵ月間，連続流通させてウランの捕集量を調べた研究である．

アミドキシム吸着材を使った海水からのウランの捕集について，これまでの研究を表 2 にまとめた．こうした研究のほとんどが，吸着材の改良に向けて実施されてきていて，アミドキシム吸着材を使う装置の設計をまだめざしてはない．例えば，0.3 cm 高さの充填層に高流速で海水を通過させて測定したデータは実用的ではなく，吸着装置の設計データとして役立たない．本研究の吸着操作の実験条件を，これまでの研究と比較して，図 2 に示す．本研究は長いカラムと速い流速を採用している．

表 2　アミドキシム吸着材のウラン吸着速度のまとめ

図 2 中の番号	研究者	カラム高さ cm	海水流速 cm/s	ウランの吸着速度 g-U/kg
3	Astheimer, 1983	44	0.29-1.36	0.19
	Omichi, 1986	50	0.044-0.44	0.14
	GIRIS, 1980	0.3	0.34	1.8
	Uezu, 1988	30	0.125-1	0.11
2	Saito, 1988	30	0.25-1	0.26
1	Saito, 1990	3	1	0.24
	本研究	90	4	0.51

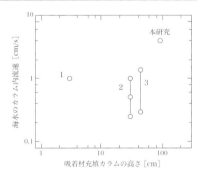

図 2　吸着材充填カラムへ流通させる海水流速とカラム高さの実験範囲

アミドキシム吸着材（キレート形成によって海水中のウランを捕捉する高分子製吸着材）の吸着速度を調べた既往の研究をまとめて表にしている．数値をすぐに比較できる点で表は便利だ．そのうえで，ウラン捕集装置の設計に役立つ研究を選別し，海水流通速度と装置のサイズ（層高）の関係を図にまとめている．その図面内で本研究を位置づけ，価値ある実験条件であることをアピールしている．

鉄則 36
「実験」の記述の詳細さを初めに決めておく

段落

研究には実験中心の研究と理論中心の研究とがある．実験と理論が連動する研究もある．実験中心の研究の場合，「実験」のセクションで，

- **実験装置と実験手順**
- **実験で得られたデータの処理法またはそこから求める物理量の計算法**

を述べる．実験装置が複雑なときや実験手順が煩雑なときには，

- **実験装置や実験手順の説明**のための段落

を別に用意する．

　実験装置や実験手順を説明で注意すべき点は，" 詳しさ " にメリハリをつけることである．例えば，水溶液中の重金属イオンを定量するときに原子吸光光度計という装置を用いる．40 年前だったら「銅の濃度を原子吸光光度計（Hitachi A1000）を使って測定した」と装置の型番まで入れて書いていた．今なら「銅を原子吸光光度法によって測定した」で済む．装置名も製造会社名も書かない．原子吸光光度計は汎用機器になっていて，分析精度や感度を多くの人が知っているので，わざわざ装置名を書く必要がなくなった．身の回りで見かけない装置や，手作りの装置なら，大きさや仕組みを適度に記述するのが原則である．

　大学の基礎実験で，実験室に入ってきたらすぐ，温度計，湿度計，そして気圧計の目盛りを読んでノートに記入するよう指導を受けた．「それが科学者の基本だ」と言われたけれど，その後，私が工学部に属してきたためか，実験室の温度を「暑いとか寒いとか」と気にするのがせいぜいであった．温度や気圧が実験結果に影響しないなら論文に記載する必要はない．

実験の記述の詳しさを初めに決めておいてから「実験」の文章を書くべきである． 学会の講演要旨には長さ A4 用紙１枚という制限も多い．論文のページ数を限定する雑誌もある．そういう制限のなかで，例えば，タンパク質溶液の濃度を書くのは必要でも，その緩衝液の調製法を書く必要はないだろう．また，同じくらい重要な項目なのに，片方を"こってり"と，もう　方を"あっさり"と書くのもおかしい．

■「実験」の段落例

福島県の太平洋沿岸に場所を借りて実験装置を設置し，繊維状吸着材充填カラムに，砂ろ過した海水を連続流通させた実験を記した段落である．

太平洋沿岸に設置した連続流通式の実験装置を図３に示す．砂ろ過槽に続けて，公称孔径 10 μm のカートリッジフィルター〔東洋濾紙㈱製，TC-10〕に，汲み上げた海水を流通させた．その後，AO 中空繊維充填カラムに上向きに海水を流通させた．230 本の AO 中空繊維の束は長さが 15 cm であり，その束を長さ 15 cm の内径 1 cm のカラムに充填した（図４）．6 本のカラムをつないだ高さ 90 cm のカラムに空塔速度 4 cm/s で海水を流通させた．所定時間ごとに，カラムの入口と出口から採った海水のウランを定量した．

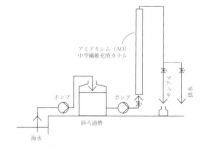 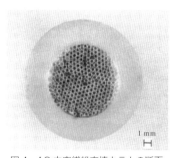

図３　太平洋沿岸に設置した連続流通式の実験装置　　図４　AO 中空繊維充填カラムの断面

第１文は「図に示す」と現在形で述べよう．後続の５つの文は過去形である．まず，図３を読み手に見せて，図の左から右へと，海水を流す方向に沿って，実験方法を説明している．つぎに，海水からウランを捕集する吸着材（AO 中空繊維）をそろえて束にして充填したカラムの断面を拡大して見せている（図４）．そのカラムに流す海水の速度を述べた後，最終文で，ウラン濃度を測定するための海水のサンプリング位置を記している．沿岸での実験の様子を想像できる楽しい段落である．

鉄則 37

「結果と考察」を順序正しく淡々と書く

段落

　新しい現象や知見，具体的には，実験の結果やそこから導き出される考察の数に応じて「結果と考察」の段落の数が決まる．一般には，「結果と考察」のひとつひとつの段落には次の 3 点が含まれる．

「結果と考察」に含む内容	例
(1) 図や表の説明	○と△との関係を図 3 に示す．
(2) その図表からの結果の記述	○は，△の増加とともに直線的に増加した．
(3) その結果に対する考察	これは，△が……であるからである．

　(1) は英語と同じように「図 3 に示す」と現在形で書く．(2) は結果なので過去形で書く．(3) は結果の理由だから現在形で書く．これが「結果と考察」の段落の典型である．(3) で，**既往の研究との差異や結果の意義や価値**を述べることもある．それを (4) として追加してもよい．

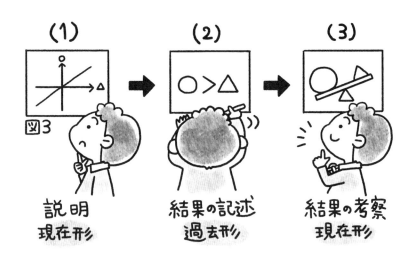

■ 「結果と考察」の段落例

鉄則 36 で「実験」の段落の例として紹介した研究論文の「結果と考察」から抜粋した.

高さ 90 cm の AO 中空繊維充填カラムに, 海水のカラム内での平均滞留時間が 22.5 s に相当する空塔速度 4 cm/s で, 30 日間連続して海水を流通させた. カラム長さ方向での AO 中空繊維への平均ウラン吸着量と接触日数との関係を図 5 に示す. 30 日間の接触で AO 中空繊維 1 kg あたり 0.97 g-U のウラン吸着量を得た. この値は, 陸上の低品位ウラン鉱石のウラン含有量にほぼ匹敵する.

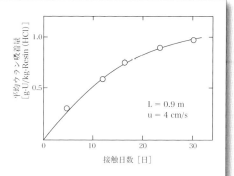

図 5 AO 吸着繊維へのウラン吸着量と接触日数の関係

4 つの文からなる「結果と考察」の段落である. 第 1 文は実験で説明している文と重複している. しかし, 海水の流速から海水のカラム内での平均滞留時間を算出している. 吸着材とウランの接触時間の程度を読み手に伝えようとしている. 第 2 文は現在形で図 5 を説明している. 第 3 文は結果だから過去形で述べている. 最終文は, そのウラン吸着量をウラン含有量と読み替えて, 陸上のウラン鉱石と比較している. この文は得られた結果（ウラン吸着量）の価値を述べている. 現在形である.

鉄則 38

たあああ，井村で CAR

文書

　研究論文の原稿を初めて書いたのは大学院博士課程 2 年の夏休みを越した頃だった．それは 1981 年の秋，今から 40 年以上前のことだ．パソコンは普及していないし，ましてやワープロのソフトもなかった．和文原稿は手書きで，英文原稿はタイプライターを使って作った．タイプライターは学科に 1 台しかなかったので，夜になって借りて，パタパタパタと英文の原稿を右手の人差し指 1 本で打った．

　何よりもまず，論文の形式を覚えた．原稿用紙の横に見本となる文献を置き，まねをしていった．科学技術の業界では共通の論文形式が確立されていた．この形式を覚えておくと，一生役立つと思い，暗記法を編み出した．

　研究題目から始まって，引用文献までの項目を下にまとめた．Results（結果）と References（引用文献）は複数形にしてある．

	項目	英語
顔	研究題目	Title
	著者名	Author
	所属	Affiliation
	住所	Address
	要旨	Abstract
本体	緒言	Introduction
	実験	Method
	結果と考察	Results and Discussion
	結論	Conclusion
	謝辞	Acknowledgement
	引用文献	References

要旨までが"論文の顔", 緒言から結論までは"論文の本体"である.
英語名のほうの頭文字（網掛けにした文字）をつないだ taaaimradcar を
無理やり続けて読むと, こうなる.

「たああああ, 井村で CAR」

これにストーリーをつけた.

> 寒い朝, お腹がすいている. 車を走らせていると, コンビニが見え
> てきた.「あった**ああああ**！」と興奮のあまり, "あ"を4回. 車を
> 止めてコンビニに駆け込んだ. レジ脇の「**井村**」屋製の肉まん（あん
> まんでもよい）を現金**で**（カードでもよい）買い, 車（**car**）に戻っ
> てパクパクと食べた.「ああ幸せ」

そんな情景を思い浮かべてほしい. 一生, 使えるのだから, ばかばか
しいと思わないでほしい. Method が Experimental Section（略して,
Experimental）だったり, 肉まんが井村屋ではなくて中村屋や山崎製パ
ンの製造だとややこしくなる. そこは堪えてほしい.「たああああ・・・」
という苦しい覚え方をしなくても, 論文の形式をすぐに覚えられる人は,
この条文をすぐに忘れてよい.

鉄則 39

タイトルをうまくつける

文書

　論文のタイトル（題名）をつけるのは，論文を読んでもらえるか，もらえないかを決める，大切な作業である．私はタイトルをつけるときには次のようにしている．

- キーワード（key words）を 5 から 7 個書き出す．
- キーワードを並び替えてタイトルの候補を 3 から 4 つ作る．
- 声を出して読んでみてインパクトの強いタイトルを選ぶ．

　ただし，**これまでに掲載された論文のタイトルと一致しないようにする**．逆に一致したとしたら，キーワードが抜けているのだろう．そうでなければ，うっかり同じ内容の研究をしてしまったのだろう．

　題名に**「新規の（novel）」「高速（high-speed）」「高性能（high-performance）」という修飾語を入れ，世間（世界）の目に留まるようにするのもテクニックである**．「革新的」とか「飛躍的」とかは，内容に相当の自信がないと入れにくい．世間に愛想をつかされたら元も子もない．

【問題】 要旨を読んで，論文にタイトルをつけなさい．

　世界中の海に 3 mg-U/m³ の濃度で均一に溶存しているウランの総量を算出すると 45 億トンである．高分子製吸着材を使う海水ウラン捕集システムが提案されている．私たちの研究グループは，ウランを選択的に捕集する不織布を吸着ケージ（断面積 16 m²，高さ 16 cm）に充填する吸着材として使用した（図1）．総量 350 kg で 52,000 枚の不織布を積層した吸着材集合体を充填した吸着ケージを，日本の沿岸から 7 km 沖の太平洋の海中 20 m の深さに係留した（図2）．240 日間の係留によって，この不織布が捕集したウランの総量はイエローケーキに換算して 1 kg を超えた．

 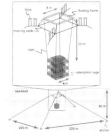 

図1　不織布集合体を充填した吸着ケージ　　　　図2　太平洋に係留した吸着ケージ

＜タイトルの選択肢＞
(1)　積層不織布集合体を使った海水ウラン吸着
(2)　不織布充填吸着ケージを使った海水ウランの捕集
(3)　海水ウランからのイエローケーキの取得

【アドバイス】

　キーワード（頻出の用語）は「海水ウラン」，「不織布」，「吸着ケージ」，そして「係留」である．タイトルとしてのよさに順番をつけると，(3) < (1) < (2) である．どのタイトルも「海水ウラン」を含めてある点ではよい．(1) の積層不織布集合体よりも (2) の不織布充填吸着ケージのほうがアピールしたい点である．最終的に掲載論文では，(2) の「捕集」を「養殖」に変更した．「養殖」という言葉によって「牡蠣の養殖」が連想されて，海水中に係留された不織布充填吸着ケージにウランが捕集される様子が目に浮かぶ．タイトルに興味をもって読んでみようとする人が増えそうだ．

【答え】　(2)

ひと休み　　**本のタイトルをつけるのは著者ではない！**

　論文のタイトルは著者がつける．一方，著書（本）のタイトルは，出版社，具体的には，出版社の編集部や営業部の担当者が著者と連絡をとりながら相談して決める．タイトルが冴えずに，本が売れないと出版社は赤字になるからだ．

　本のタイトルは売行きを左右する．私と恩師である須郷高信さんの共著『猫とグラフト重合』（丸善）は，受けを狙って，私がタイトルをつけたと思っている人がたいへん多い．けれども，それは違う．原稿を持ち込んだ丸善の出版事業部から「『猫とグラフト重合』というタイトルなら出版させていただきます」という条件が提案されたのである．

　『猫とグラフト重合』は1996年に発刊された．当時，ペットショップで売られていたという情報もあった．初刷は1500冊だった．タイトルが話題を呼んで，売れに売れたということはなかった．そして5年後に2刷（500冊）となり，それを売り切って"在庫切れ"（最近は"絶版"とは言わない）になった．

　さらに，宣伝させていただくと，『猫とグラフト重合』の内容はリフレッシュされ『グラフト重合のおいしいレシピ』（丸善）というタイトルの本が2008年に刊行された．こんどは本屋さんの料理コーナーに置いてあったかもしれない．その後も『グラフト重合による高分子吸着材革命』（丸善出版，2014年），『グラフト重合による吸着材開発の物語』（丸善出版，2019年）と，在庫切れをくり返し，出版を続けた．

ひと休み 『ゴルゴ13』の一話になった海水ウラン捕集

　鉄則35〜37，39で取りあげた海水ウラン捕集の研究成果は，さいとう・プロダクションの取材を受けた．ビックコミック増刊1999年12月4日号の『ゴルゴ13』に「原子養殖」というタイトルの一話が掲載された．そのなかで実験結果が引用されている．

　さらに，この研究成果を基にして，当時，日本原子力研究所高崎研究所の研究員であった須郷高信さんは海水ウラン捕集のプロジェクトを立ち上げた．海水中のウランを選択的に捕集する官能基（アミドキシム基というキレート形成基）をもつ不織布を大量製造して，吸着ケージ（枠）に積層させ充填した．青森県むつ市関根浜沖7 km地点の太平洋の海中に吸着ケージを係留し，1999年から3年に及ぶ期間（係留日数は240日）に，イエローケーキ（原発ウラン燃料の中間原料）換算で1 kgのウランを捕集した．世界に誇る画期的な成果である．

さいとう・たかを「原子養殖」〔SPコミックス『ゴルゴ13』第136集収録（リイド社刊）より〕
© さいとう・たかを／さいとう・プロダクション／リイド社

鉄則 40

見出しをうまく作る

文書

　見出しは英語で heading と言う．見出しには大中小とある．見出しは，太字にしたり，片カッコ付の番号「 1)」をつけたり，下線を引いたりして目立つようにする．

　論文で「緒言」「実験」「結果と考察」「結論」というセクション名は大見出しのアイテムである．

　中見出しは，「実験」と「結果と考察」内に登場する．中見出しの項目をさらに分けるときには小見出しを使う．「緒言」には中見出しも小見出しも使わない．

　「実験」の中見出しと「結果と考察」の中見出しを対応させると，読み手は論文を読み進めるのに，あるいは急いで読むのに都合がよい．そのときに中見出しの文言を一致させる必要はない．というより，それでは工夫が足りない．

　「実験」の中見出しに「〇〇の測定」とあって，それを受けて「結果と考察」の見出しが「〇〇の測定結果」ではあまりに芸がない．せめて「〇〇の△△依存性」「〇〇と△△との関係」くらいにしてほしい．

　私はだらしがない性格なので，周りの人から「身だしなみに気をつけなさい」と言われる．寝癖をつけたまま1日を過ごしているそうだ．論文の"見出し並"にも気をつけよう．"見出し並"ではアピールできない．簡潔にして要点をついている見出しがうまい見出しである．**文献を読みながらうまい見出しに出遭ったら書き抜いておいて，いつか自分の文書で使おう．**

■ 「実験と結果と考察の見出しの違い」の例

　当時，修士課程の大学院生であった原山貴登，河野通尭，海野 理，後藤駿一の 4 氏が中心になって，福島第一原子力発電所のメルトダウン事故に伴って発生した汚染水から放射性ストロンチウムを除去するための吸着材の開発を進めた．その研究論文のひとつ〔日本海水学会誌，**69**，90-97（2015）〕を例にとって，見出しのつけ方を説明する．

「2．実験」での見出し

　2.1 試料と試薬

　2.2 アニオン交換繊維の作製

　2.3 アニオン交換繊維へのペルオキソチタン錯体アニオンの吸着
　　　およびチタン酸ナトリウムの担持

　2.4 チタン酸ナトリウム担持繊維の表面の観察

　2.5 バッチ法による海水中からのストロンチウムの除去速度の評価

　2.6 海水中でのストロンチウム吸着等温線の測定

「3．結果と考察」での見出し

　3.1 ナイロン繊維へのアニオン交換ビニルモノマーのグラフト重合

　3.2 ペルオキソチタン錯体アニオンの溶存形態の pH 依存性

　3.3 チタン酸ナトリウム担持繊維の表面の様子

　3.4 チタン酸ナトリウム担持繊維を使ったストロンチウムの除去

　3.5 チタン酸ナトリウム担持繊維の吸着等温線

　「実験」と「結果と考察」の見出しが対応しているのは当たり前だ．しかし，「実験」の見出しをそのまま引き継ぐのではなく，実験結果を踏まえたうえで「結果と考察」の見出しの工夫をする．

　この例なら，「実験」の見出し 2.1 〜 2.3 が吸着材の作製法であるのを受けて，作製でポイントになった点を見出し 3.1 と 3.2 に採用している．2.4 〜 2.6 と 3.3 〜 3.5 はおとなしく対応している．ただし，2.4「観察」➡ 3.3「様子」，2.5「除去速度の評価」➡ 3.4「除去」に変更した．また，3.5 では 2.6「の測定」を削除した．読み手を退屈させるのではなく，ワクワクさせる見出しにしたいものだ．

鉄則 41

同じ内容の繰返しを避ける

文書

　研究論文では「実験」で説明したことを「結果と考察」で再度，説明する必要はない．例えば，「実験」で

> タンパク質溶液の流量を 10 から 100 mL/h の範囲で変えて，材料へのタンパク質の吸着量を測定した．

と書いてあるのに，「結果と考察」で

> タンパク質溶液の流量を 10 から 100 mL/h の範囲で変えて得られたタンパク質の吸着量の結果を図 5 に示す．

と書くと，実験条件の記述は繰返しになる．これは次のように修正する．

> タンパク質の吸着量とタンパク質溶液の流量との関係を図 5 に示す．

　タンパク質溶液の流量の範囲は「実験」に記されているし，図の横軸を見れば範囲はわかる．また，「……の結果を図 5 に示す」の部分も，「結果と考察」に書いてあるのだから「結果」に決まっている．「結果」という言葉を使わない文章に変えた．

　論文中の「要旨」「結果と考察」「結論」の間では，同じ内容が繰り返されてよい．特に，「結論」は「要旨」を含んでいるはずである．また，**材料，操作，現象などの名称は同一の用語を繰り返す**（鉄則 18）．**そうでないと，違うモノゴトに変わったと誤解される可能性がある**．「フィルム」がいつの間にか「シート」や「膜」になっては，読み手は悩んでしまう．「ろ過」

だったり，「濾過」だったりでは困る．統一してほしい．

　論文と論文の間でも「重複を避けなさい」と投稿原稿の査読者から指示されることがある．装置が同一で，銅溶液の代わりにタンパク質溶液を使っただけなら，その原稿には，

> 実験装置の詳細は著者らの以前の文献に述べた．
> The experimental apparatus was detailed in our previous publication.

として，実験装置の詳細を済ませてよいというわけだ．

　ところが，初めから実験装置の詳細を書かずに投稿すると，「省略せずに書きなさい」と査読者から指示されるときもある．査読者によって考え方が異なるのだろう．いずれにせよ，さほど重要なことでないなら査読者と争わず，指示に従うのが賢明だ．原稿が研究雑誌に掲載されなければ paper は，"論文"ではなく，まさに"紙屑"になるのだから．

鉄則 42

図表には題名を必ずつける

　図（figure）と表（table）には必ず題名をつける．**図の題名は図の下，一方，表の題名は表の上に置く．**

図の題名

　多くの図は，横軸を，実験で変化させたパラメータ，数学で言うと変数 x としている．一方，縦軸を，実験で測定した結果，数学で言うと関数 y としている．こうした図に対して，題名のつけ方は3つある．

（1）「**y**」というあっさりした題名
（2）「**y と x との関係**」という題名
（3）「**x の増加につれて y は増加した**」という文章型の題名

　（2）の「y と x との関係」が標準である．その変形版として「y の x 依存性」とも言える．関数である y を先に出すのが基本である．読み手は y の挙動に興味があるはずだからである．英語にするとこうなる．

　「y と x との関係」：y as a function of x，または y vs x
　「y の x 依存性」：Dependence of y on x

　（3）の「x の増加につれて y は増加した」は，研究助成の申請書や報告書の作成のとき，枚数やスペースに限りがある中で成果を強調するのに向いている．

　学生が作成した図を点検するときは，図3を集中して見る．図1から始まって図番号が3まで増えてくると学生は油断してくる．修正箇所を見つけて，学生にこう言い放つ．「図3は"ずさん"だ」

表の題名

　表は図に比べて読み手への視覚的効果が小さい．しかし，図では表現できないこともある．

> ・新たに得られた成果と既往の**研究成果との比較**
> ・新たに作製された材料と市販製品との**性能比較**
> ・実験条件の**一覧**
> ・材料の物性の**まとめ**

などは，表を採用するのがよい．

　やはり表 3 を集中して見る．表 3 で修正箇所を見つけて，学生にこう言い放つ．「表 3 での間違いは " 氷山 " の一角だ」．ただし，1 つの論文に表が 3 つもある場合はめったにないのが残念だ．

■図の題名の例

　出典：佐々木貴明ら，化学工学論文集，**40**, 404-409（2014）

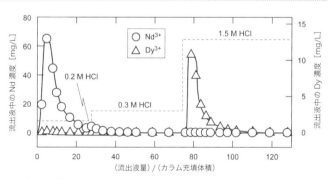

図 4　抽出試薬担持繊維充填カラムを使った Nd と Dy の溶出クロマトグラム

　図の題名は図の下に置く．さて，この図の順当な題名は，次の 2 つである．

(1) 流出液中の Nd 濃度および Dy 濃度 vs カラム充填体積で基準化した流出液量

(2) 流出液中の Nd 濃度および Dy 濃度とカラム充填体積で基準化した流出液量との関係

　機能性樹脂を充填したカラムに2種類の金属（ネオジムおよびジスプロシウム）の一定量を負荷しておき，そこへ3種類の溶出液（0.2, 0.3, および1.5 M の塩酸）を流通させながら，カラムの出口から流出するまでに2種類の金属を分ける．この手法は「溶出クロマトグラフィー」と呼ばれる．この手法を知っていれば，実験で得られるグラフの名は「溶出クロマトグラム」と呼ぶことを知っている．そうした読者を予想できるなら，「溶出クロマトグラム」を使った題名をつける．

　成果をもっとアピールしたいなら，「Nd がカラムから完全に出きった後に Dy が出てきたのできれいに分けられた」という題名だってよい．読み手次第である．「図も読み手へのサービスだ！」ということを忘れてはいけない．

■表の題名の例

出典：笹川伸之ら，*Journal of Chromatography A*, **848**, 161-168（1999）

表2　さまざまな液体に対する多孔性膜の透過流束

液体	SS-ジオール多孔性膜	ジオール多孔性膜	PE多孔性膜
水	0.10	1.9	3.1
0.005 M NaCl	0.19	2.0	3.1
0.005 M KCl	0.16	2.0	3.1
0.005 M CaCl$_2$	1.5	2.0	3.1
0.005 M MgCl$_2$	1.2	2.0	3.1

　表の題名は上に置く．表の題名に「さまざまな液体の透過流束」でもわかるけれども，少し不親切．この表づくりでの要点は次の3点である．

（1）表内の数字は有効数字2ケタに合わせているうえに，小数点の位置をそろえて見やすくしてある．

（2）横線3本で済ませている．

（3）補助イラストを入れて，わかりやすくしている．

　図表の作成にはセンスが要る．わかりやすい図や読みやすい表は，内容をよりよくしてくれるのに対して，ごちゃごちゃした図や表は内容を台無しにする．センスを磨くのは，図表への観察力である．「わかりやすい」「読みやすい」理由を解析するほかない．お手本はたくさんあるはずだ．

鉄則 43

引用文献をきっちりと揃える

　いよいよ「たああああ，井村で CAR」の最後の R にたどり着いた．ここで油断はできない．論文の最後の関門なのだ．「引用文献」をきっちりと揃えるには書き手は相当の精進を要する．

　「引用文献」では点検項目が 2 つある．ひとつは形式，もうひとつは中身である．何だって，形式と中身なのだけれども，「引用文献」ではそれが特にめだつのである．

　「引用文献」の形式，すなわち文献の書き方のルールを，それぞれの雑誌が厳密に決めている．そのルールに忠実に従う能力を試される．例えば，さまざまな雑誌を手がけている Elsevier という出版社が発行している『Journal of Chromatography B』という雑誌では引用文献の書き方（当時）は次のとおりだ．

---

①著者名

K. Hagiwara, S. Yonedu, K. Saito, T. Shiraishi, T. Sugo, T. Tojyo,

E. Katayama, J. Chromatogr. B 821 (2005) 153.

　　②雑誌名　　　　③巻数 ④発行年⑤論文の最初のページ数

　雑誌によっては⑤で，「153-158」というように，論文の最後のページ数を記載することも必要になる．

　学会の要旨や報告書では，ここまで厳密に決められていない．書き手は，いつでも，どこでも，文献を引用できるように，引用の典型的なルールを覚えておきたい．最近は，DOI（Digital Object Identifier）付でインターネットを通して簡単に文献にアクセスできるようになっている．便利すぎて，年老いた私はついていけない．

　引用文献の中身とは，公正さ，適切さ，そして新しさである．自分の論

文に関連したこれまでの文献を，広範に，最近まで調査し，偏り過ぎずに重要な論文を引用する．私も若い頃は，既往の研究（previous studies）を懸命に調査し，読んだ．通勤電車や旅行中の列車でも文献を読んだ．

　最近は，老眼が進み，体力がなくなり，雑用が増えたせいにして文献をほとんど読んでいない．指導している学生に「代表的な研究者の優れた文献を隅から隅まで読みなさい．関連する文献を 50 報くらい選び出して，その中から 20 報ほど引用しなさい．自分の研究室のこれまでの研究を引用するだけではダメだよ」と指示するのが精一杯である．

■引用の形式の例

　日本分析化学会が発行している英文誌 ANALYTICAL SCIENCES の 2010 年 26 巻の 649 から 658 ページに Review として掲載された，浅井志保（Shiho Asai），三好和義（Kazuyoshi Miyoshi），そして 斎藤恭一（Kyoichi Saito）の論文が，5 種類の雑誌に引用されたとする．雑誌ごとの「引用文献」の記載は下のようになる．なお，論文の題名は，次のとおりである．

Modification of a Porous Sheet（MAPS）for the High-Performance Solid-Phase Extraction of Trace and Ultratrace Elements by Radiation-Induced Graft Polymerization

（1）雑誌名：Analytical Chemistry（アメリカ化学会が発行）
　　Asai, S.; Miyoshi, K.; Saito, K. *Anal. Sci.* **2010**, *26*, 649-658.

（2）雑誌名：Industrial & Engineering Chemistry Research（アメリカ化学会が発行）
　　　Asai, S.; Miyoshi, K.; Saito, K. Modification of a Porous Sheet (MAPS) for the High-performance Solid-Phase Extraction of Trace and Ultratrace Elements by Radiation-induced Graft Polymerization. *Anal. Sci.* **2010**, *26*, 649-658.

（3）雑誌名：Journal of Membrane Science（Elsevier 社が発行）
　　S. Asai, K. Miyoshi, K. Saito, Modification of a porous sheet (MAPS) for the high-performance solid-phase extraction of trace and ultratrace elements by radiation-induced graft polymerization, Anal. Sci. 26 (2010) 649-658.

（4）雑誌名：Journal of Chemical Engineering Japan （日本の化学工学会の英文誌）

Asai, S., K. Miyoshi and K. Saito; "Modification of a Porous Sheet (MAPS) for the High-Performance Solid-Phase Extraction of Trace and Ultratrace Elements by Radiation-Induced Graft Polymerization," *Anal. Sci.*, **26**, 649-658 (2010)

（5）雑誌名：Solvent Extraction Research and Development, Japan （日本溶媒抽出学会の英文誌）

S. Asai, K. Miyoshi, K. Saito, *Anal. Sci.*, **26**, 649-658 (2010).

　「ピリオド」，「セミコロン」，「カンマ」といった句読点に，「斜体」，「太字」といった字体が入り乱れてたいへんな事態だ．題名中のハイフンの直後の単語の先頭文字の大文字か小文字かにも違いがある．

・(1) の途中に論文名が入ると (2) になる．同一学会の雑誌なので「そりゃそうだ」と言いたい．

・(3) は民間の出版社 Elsevier 社が発行している雑誌の引用文献の形式．斜体も太字も使わない．シンプルだ．

・(4) は，第一著者だけは「姓名」，第二著者からは「名姓」の順，そして最終著者の前にはカンマなしで and をつける．「,」と「"」の順序にも注意．ピリオドなしだ．

・(5) の形式を私は気に入っていて，ルールのない報告書では，この形式に従っている．

鉄則 44

「要旨」と「結論」とに違いをつける

文書

「**たああああ, 井村で CAR**」の「**ああああ**」の最後の「あ」が「Abstract（要旨）」で, CAR の先頭の文字 " C " は「Conclusion（結論）」である. 「要旨」と「結論」との区別を理解せずに, 私は 15 年くらい過ごしていた. あるとき, 投稿した論文の査読者から「あなたの論文の要旨は要旨になっていない」と言われた. そこで " ようやく " 「要旨」（「要約」ともいう）と「結論」とを区別する必要に迫られた.

そんなときに, ある研究雑誌の投稿規程にその区別があっさりと記されていた.

> 「要旨」は informative に, それに対して「結論」は descriptive に書きなさい.

実験研究なら, 得られたデータを基にして, 研究成果を数字を使って記述するのが「要旨」. それに対して, **得られた研究成果の価値や意義を加えて記述するのが「結論」である.**

「結論」に「要旨」の内容も含めることも多く, 「結論」は「要旨」より長くなる. 「要旨」は 1 つの段落で書くのに対して, 「結論」は複数の段落になってもよい. 「結論」は「緒言」の研究の目的に呼応して書くべきである. 逆に言うと, 「結論」を先に決めておいてから「緒言」を構成していくのが本当の書き方である.

■要旨と結論の違い

㈱浅井ゲルマニウム研究所の佐藤克行氏, 秋葉光雄氏らが 2007 年に発表した論文〔日本イオン交換学会誌, **18**, 9-13（2007）〕を例にして, 要旨と結論の違いを探ろう.

要旨

放射線グラフト重合法を適用して繊維に付与したグラフト鎖中のエポキシ基に，イミノジエタノールを反応させて，酸化ゲルマニウムを選択的に捕捉するキレート形成基を導入した．キレート繊維が芯材に巻かれたキレート繊維フィルター（繊維層厚 2 cm，長さ 25 cm）のキレート形成基密度は 2.9 mmol/g-キレート繊維であった．まず，濃度 0.46 g-GeO$_2$/L の酸化ゲルマニウム水溶液をキレート繊維フィルターに循環透過させる回分式の吸着実験をおこない，酸化ゲルマニウムの平衡吸着量 2.3 mmol/g-キレート繊維を得た．つぎに，0.4 M 塩酸をフィルターに透過させて，キレート繊維に吸着した酸化ゲルマニウムを定量的に溶出できた．

結論

液中の酸化ゲルマニウムを吸着回収できる新規フィルターを開発した．まず，エポキシ基をもつグラフト鎖を繊維に取りつけ，それを芯材に巻くことによってグラフト繊維フィルターを作製した．その後，エポキシ基とイミノジエタノールとの反応によってキレート形成基をグラフト鎖に導入した．得られたキレート繊維フィルター（繊維層厚 2 cm，長さ 25 cm）に酸化ゲルマニウムを含む液を循環透過させ，吸着性能を調べ，次の結論を得た．

(1) キレート繊維のキレート形成基密度は，2.9 mmol/g であり，市販されている他のキレート形成基をもつキレート樹脂のそれの約 4 倍であった．

(2) 回分吸着方式によって，キレート繊維フィルターに酸化ゲルマニウム水溶液を循環，透過させ，平衡吸着量を算出した．低濃度領域でも吸着平衡量が高いという好ましい吸着平衡関係であった．液中の平衡濃度 0.040 g-GeO$_2$/L に対するキレート繊維の平衡吸着容量は 2.3 mmol/g となった．このとき，繊維中のキレート形成基のうち 79% が酸化ゲルマニウムを捕捉することがわかった．

(3) キレート繊維フィルターに吸着した酸化ゲルマニウムを，0.4 M 塩酸を使ってすべて溶出できること，さらに再び吸着操作に用いても吸着量の低下がないことを示した．本研究で開発されたキレート繊維フィルターは，例えば，工場の排出ラインの末端に容易に取りつけることによって，液中の有用成分を回収できる点で，有効な材料である．

要旨と結論の違いは 3 つある．

(1) 要旨はワンパラグラフで書く．一方，結論にはそうした制限がない．

(2) 要旨は数値を使って簡潔に述べる（これを英語では informative と呼ぶ）．一方，結論は目的や結果の価値を加えながら丁寧に語る（これを英語では descriptive と呼ぶ）．下線を引いた箇所がそれに当たる．

(3) 結論には研究の今後の展開や成果の応用について触れてよい．網掛けにした箇所がそれに当たる．

逆に言うと，結論から下線部と網掛け部を引き去ると要旨になる．式で表すと，

（要旨）＋（研究の狙いや研究成果の PR）＝（結論）

となる．言い換えれば，次のようになる．

（結論）－（研究の狙いや研究成果の PR）＝（要旨）

鉄則 45
「著者」と「謝辞」には細心の注意を払う
文書

「謝辞（Acknowledgement）」とはその名のとおり，感謝の言葉である．

- 助言をくださったことに対する御礼
- 分析機器や実験装置を貸してくださったことに対する御礼
- 研究資金を援助してくださったことに対する御礼

などをここで述べる．理論的研究ではない限り，一人での研究には限界がある．さまざまな人や助成団体の援助への感謝の意をここで述べる．ただし，家族や友人への日頃の感謝までは書かない．それは個人的に御礼してほしい．

名前を間違えないように！

　せっかくの御礼なのに，氏名や企業名などを間違ってはいけない． 私たちの研究グループも他人のことをとやかく言えない．共同研究をしていた企業である INOAC の住所を間違って雑誌に載せてしまった．名古屋市熱田区なのに，英語の論文で Atami-ku にした．「熱田神宮」の熱田なのに，「貫一お宮」の熱海にしてしまった．そして，INOAC CORPORATION でした．この場を借りてお詫び申し上げます．

　千葉大学の英語名は Chiba University なのに，東京大学は The University of Tokyo である．英語の名称はそれぞれの大学や企業が決めているので，勝手に作らずに，名刺やインターネットのホームページを調べて慎重に写してほしい．15 年間，私と一緒に研究室を運営した教員は梅野太輔先生（現在，早稲田大学先進理工学部応用化学科の教授）であって，梅野大輔先生ではありません．

著者の位置づけに注意！

　著者は複数のことが多い．**「著者」の中で先頭にいる著者を第一著者 (first author) と呼んでいる．**first author は論文の内容に最終責任をもつ人のことである．

　「著者」の中で右肩に asterisk（＊）のついている著者を corresponding author と呼んでいる　論文の内容への問い合わせ先である．学生は研究室を卒業・修了していき，連絡がとりにくくなるので，大学の研究室の教員がなることが多い．

　私たちの研究室は実験中心の研究をしていたので，first author は実験データを出した人がなることが多かった．したがって，学生が first author になることが多かった．私も助手（今でいう助教）の時代には学生の実験を手伝いながら指導していたので，first author にしてもらっていた．助教授（今でいう准教授），教授になると，実験から足を洗って，テーマの探索や研究資金の調達がおもな役割であったので，「著者」の後ろのほうに入れてもらっていた．他方，どんな場合でも，その研究室の教授を first author にする研究室もあるという．

鉄則 46
読み手を思い浮かべて適切なフォントを選ぶ
文書

　研究雑誌などでは，フォントが厳密に決まっているので，書き手にフォントの選択の余地はない．他方，学会の講演要旨や研究助成の申請書では推奨フォントがあるけれども，好みのフォントを使えることがある．多くの印刷物のフォントは明朝体だが，私はソフトな感じを与えるフォント，例えば，"メイリオ"や"HG丸ゴシックM-PRO"が好きだ．

　私の研究仲間は，学内の研究助成の申請書をソフトなフォントで作成して応募したところ，年配の先生から「まじめな字体に変更して再提出しなさい」とお叱りを受けたという．深刻な字体，いや事態だ．その後，フォントだけ修正した申請書は無事，採択されたという．フォント，いやほんとうの話である．

　文書を作成するときの工夫には，

> ・*イタリック*（*italics*，*斜体*）
>
> ・**ボールド（boldface，太字）**
>
> ・<u>アンダーライン</u>（<u>underline</u>，<u>下線</u>）

などがある．イタリックは意外に目立たない．太字は見出しに使うことが多い．下線は他の部分を弱めてしまうこともある．さらに，文字に色づけするのもよいように見えるが，センスがないと逆効果だ．というわけで，結論として，こうした工夫は自己責任のもと，好きなようにすればよい．

字数や余白も大事

　忙しく，疲れている読み手にも好感をもってもらえる文書作りが大切である．**フォントよりも，1行の字数，行間，そしてマージンが大切だと思う．**読み手が50歳を超えると，私もそうであるように，老眼だし，わがまま

になっている．字のサイズが小さかったり，行間が詰まっていたり，マージンがほとんどなかったりすると，松岡修造さんのようにそうした文書を投げ出したくなる．

　先日，マージン（margin，余白）と言ってわからない学生がいた．その学生にこう言い放った．「マージンですか？」　その学生は私が無理なことを指示すると，「まじですか？」聞き返してくる学生であった．

■フォントの選択

（1）明朝体

　　読み手を想定し，書き手はその読み手と会話をしながら文章を書いていく．これが文書作成の究極の技法である．卒論生や修論生が報告書を書いて，見せにやって来る．読み手は研究室に配属される予定の新4年生だ．初めの数行を読んで学生にこう言う．「君がこの研究にとりかかった当時に戻って，これを読んだとして，これで君，わかるの？」「……」

（2）教科書体

　　読み手を想定し，書き手はその読み手と会話をしながら文章を書いていく．これが文書作成の究極の技法である．卒論生や修論生が報告書を書いて，見せにやって来る．読み手は研究室に配属される予定の新4年生だ．初めの数行を読んで学生にこう言う．「君がこの研究にとりかかった当時に戻って，これを読んだとして，これで君，わかるの？」「……」

（3）ゴシック体

　　読み手を想定し，書き手はその読み手と会話をしながら文章を書いていく．これが文書作成の究極の技法である．卒論生や修論生が報告書を書いて，見せにやって来る．読み手は研究室に配属される予定の新4年生だ．初めの数行を読んで学生にこう言う．「君がこの研究にとりかかった当時に戻って，これを読んだとして，これで君，わかるの？」「……」

　さあ，どのフォントにしますか？　文書が雑誌に掲載されるときには，学会や出版社がフォントやサイズを決めているので悩まなくて済む．報告書や申請書なら自分で選べるので悩んだほうがよい．だれが読むのか，その人の年齢を考える．文書の長さも考慮する．コピーしたときに字がかすれたり，全体が黒っぽくなったりしたらダメだ．

おまけ1
1に推敲, 2に推敲, 3,4がなくて, 5に推敲

　私は自宅から勤務先の千葉大学まで電車で2時間弱かけて25年間, 通っていた. 途中, 3回の乗り換えがあるので, 油断ができなかった. ありがたいことに往復ともに座っていけることが多かった.

　さまざまな文書の原稿や手紙の文案を, 車内で小さなサイズのノートに書く. このノートを見ながら, ワープロを打って文書を打ち込み, A4の紙にプリントアウトする. それを車内で読んで赤のボールペンを使って推敲. ワープロで修正して印刷. これをまた車内推敲. こうした修正と推敲を繰り返してようやく最終案ができる.

　雑誌や本に掲載されるまでに, 査読者や編集長からのコメントをもらうので修正. さらに, 初校, 再校, そして三校と続く. この「校」とは校正(英語では proof と呼ぶ)のことで, あらゆるミスを探し出して直す作業のことである. したがって, 7回ほど自分の文を直しているわけである. 最後のほうは原稿を読むのが苦痛となった.

　推敲中は, 頭に入れてあるルールを総動員しつつ, 読み手がつかえることなく, スラスラスイスイと読めるように工夫をする. 論文にせよ, 報告書にせよ, 読み手のためなら, 文の修正, 加筆, 削除なんでもする. 印刷されたら手遅れだ.

　推敲を重ねていくと, 文章に初めの勢いがなくなってしまったように書き手は"錯覚"する. 書き手は何度も, 何度も読んでいるからそう感じるだけの話である. **声を出して読んでみて, 引っかからずに読み進めることができたなら安心である.** 読み手からすると, 文章の勢いとは「内容」プラス「流れ」だ.

　推敲3回は不可欠である. 「水耕(推敲)栽培」とともに「推敲3回」

と覚えて遂行してほしい．推敲しすぎて，しすぎたということはない．

　恩師の一人である西村　肇先生から「文書は『トコロテン』のように作りなさい」と言われた．食べ始めたら，喉につかえることなくツルツルっと胃に収まっていく．なるほど！　トコロテンを反芻などしない．近所のスーパーマーケットでレジの長い列に並ぶと, 脇の冷蔵庫の棚に「心太（トコロテン）」と大きく書かれたパックが売っている．それを見るたびに文書作成の極意を思い出す．推敲に推敲を重ねて「心太文書」を作り上げよう！

おまけ 2
他人の文章を直してはいけない

「他人の文章にケチをつける」特権を与えられているのは，通信教育の添削指導赤ペン先生と，大学の研究室の教員である．それぞれ受講料と学費をいただいて指導するという大義名分がある．

学生が持ってきた報告書や論文の原稿を赤ペンで添削し，原型をとどめないほどに真っ赤にして返却する．ここまでなら"人格"の否定．さらに，「きみは一体，いままで何を勉強してきたんだ」という余計なことまで言って，"人生"の否定をするのが私であった．若い頃はとことん罵倒したけれども，年老いてきて，叱ると「作用反作用の法則」に従って当方のダメージも大きいので，気をつけて発言するようになった．「ここをこうしたら読んでもらえるよ」「ここで鍛錬しておけば将来役立つよ」なんて言っちゃっている．

学生とのつきあいは，短いと 1 年（学部 4 年だけ），長くとも 6 年（大学院博士課程 3 年まで）である．お互いにその間の辛抱である．文書を書くたびに先生から人格否定されることがあっても，年限のついた師弟関係と思えば我慢もできる．

　会社だとそうはいかない．会社を辞めない限り，お互い部署は変わっても，つきあいは長い間続くだろう．だから，上司といえども部下の文書を真っ赤にしてはならない．褒めて伸ばすか，褒めて見捨てるしかない．ゆめゆめ「これまで何を勉強してきたんだ」などと言ってはならない．パワハラ上司と認定されてしまうことさえある．

　大学にいるうちに，文書作りの基礎を学んでおく理由はそこにある．親身になって文書を添削してくれる人は大学の先生しかいないと思ってほしい．そういう先生に大学で出会えなかった場合，書き手は会社に入ってから，本書を読んで，書く力を着実に向上させるしかない．

ひと休み　　添削されて，うれし涙！

　学生のMさんは，学部4年生のときに所属していた研究室から大学院になって研究室を移り，私の指導を受けることになった．Mさんが私に初めて提出してきた4ページほどの報告書を私は張り切って添削した．Mさんを呼び出して，ひざ詰めで，1ページ目から順に修正や加筆の箇所を事細かに指摘していった．3ページ目をめくったときに，水滴がポタポタポタと3滴ほど床に落ちるのを見つけた．

　Mさんの腕から垂れ落ちたようだ．先を辿ると，頬，さらに眼尻．Mさんは手で顔を覆って泣いていた．私はとても動揺した．心の中で「厳しすぎたかなあ……」．私はトーンを下げ，文書指導を早々に切り上げた．

　1年半後に修士課程を終えて研究室を出るMさんに「そう言えば，初めの頃，添削されて泣いていたでしょ？」と勇気を出して聞いてみた．しばらくして「先生が，懇切丁寧に，文書を直してくださったのがうれしかったんです」という返答．「えええっー，うれし涙だったの？」あれから15年経った今でも，私はあの言葉を信じていない．ただし，そうした返答をくれたMさんの成長ぶりがうれしい．

　学生の文を直して泣かせてはいけない．しかし，相手によって指導法や口調を変えるというのはしんどい．この本があれば，学生に「鉄則●番を読みなさい」と冷静に通告するだけでよい．そうなって，私はうれし涙を流したい．

おまけ3
郷に入りては郷に従え

　世の中に"絶対"なんていうものはないように，文書作成にも"これし
かない"というものはない．したがって，みなさんが所属している組織，
例えば，大学の研究室や会社の技術開発部の10人のうち9人が，「および」
ではなく「及び」と書いているならば，それにならうべきである．業界に
は業界の約束事があっておかしくない．

　この本に載っているルールはなかったことにしてよい．「郷に入りては
郷に従え」である．この本をその職場に持ち込んで「ここに，"及び"は"お
よび"とひらがなで書くとあります」と，この本を宣伝してもらわなくて
よい．

　研究室の先輩や会社の上司に指摘（コメント）をもらったら，言われた
とおりに直したほうがよい．特に，文書の内容の最終責任をとる人の指摘
には忠実に対応するのは当たり前のことである．

　多くの人に，文書を読んでもらうと，それぞれの人からのコメントに対
して何らかの対応をする必要が生じる．それらのコメントが対立すると悩
ましい．それでもうまく立ち回って文書を改善するのが大人の対応という
わけである．だから，誤字や脱字を点検してもらうだけなら多くの人にお
願いしてもよいけれども，文章を見てもらう人の数は限ったほうがよい．

第Ⅲ部
解 析

文書を作ってみる
パラグラフ・ライティング

第Ⅱ部では，46個（プラス3個の付録）の鉄則をとりあげ，文書の階層構造（語句，文，段落，文書）を構築する鉄則を説明した．段落（パラグラフ）が1つ書けるまでになると，文書作りの後の作業は，段落をたくさん書いて並べるだけである（英語では，「パラグラフ・ライティング，paragraph writing」と呼ぶ）．

語法と文法を習得してから段落を書き始めるのではなく，段落を書きながら語法と文法を習得すればよい．On the Job Training（OJT）が作文の王道だ．書かないと何も始まらない．

第Ⅲ部では，段落の実例を示し，構造を解析する．解析といっても力む必要はなく，「流れるキーワード」の連係と「流れコンシャス語」を抜き出して，「流れている，流れている」と確認すれば済む．そして，この解析法に従って，自分が書いた段落の自己解析（推敲）を地道に実行してください．

ワクワクして読み進めていけるように，ノーベル賞を受賞した，田中耕一，白川英樹，そして中村修二という3氏の受賞対象論文を実例にしている．原文は英語だが，私が日本語に訳した．

●とりあげた研究
田中耕一：「生体高分子の質量分析法のための脱離イオン化法の開発」（2002年ノーベル化学賞）
白川英樹：「導電性高分子の開発」（2000年ノーベル化学賞）
中村修二：「高輝度青色発光ダイオードの実用化」（2014年ノーベル物理学賞）

2002 年ノーベル化学賞 受賞

田中耕一 論文から

　電気工学科を卒業した田中耕一氏は，㈱島津製作所に入社して，質量分析計の開発を進めていた．質量分析計に導入するサンプルを調製しているときに，タンパク質と金属超微粉末に加える試薬を間違えて，グリセリンを混ぜてしまった．「捨ててしまうのももったいない．そのまま測るとしよう」となった．すると，これまでに検出できなかった質量の重いイオンに相当するピークが安定して現れた．これが『生涯最高の失敗』（田中耕一氏の著書からの引用）である．

　田中耕一氏が 1988 年に報告した『飛行時間質量分析法による *m/z* 100 000 までのタンパク質やポリマーの分析』の研究論文の「緒言」から段落をひとつ選んだ．

出 典：K. Tanaka, H. Waki, Y. Ido, S. Akita, Y. Yoshida, T. Yoshida, Protein and Polymer Analyses up to m/z 100 000 by Laser Ionization Time-of-flight Mass Spectrometry, *Rapid Communications in Mass Spectrometry*, **2**, 151-153 (1988).

■「緒言」のワンパラグラフ

　　高分子量有機化合物の質量分析法を研究するために，私たちはレーザーイオン化 TOF 質量分析計を開発した．高分子量物質に対するこの分析計の有用性を算定するために，私たちはさまざまな有機化合物について評価検討した．この分析計によって最大 *m/z* 100 000 の有用なスペクトルが得られた．最大 25 kDa の分子量を有するタンパク質や高分子の典型的なスペクトルを本論文に示す．

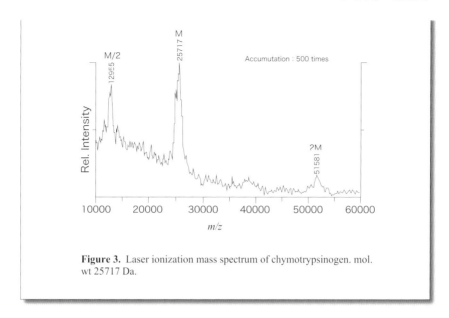

Figure 3. Laser ionization mass spectrum of chymotrypsinogen. mol. wt 25717 Da.

3 段落からなる「緒言」の最後の段落である．このパラグラフは次の 4 つの文から成る．

---

(1) 高分子量有機化合物の質量分析法を研究するために，私たちはレーザーイオン化 TOF 質量分析計を開発した．

(2) 高分子量物質に対するこの分析計の有用性を算定するために，私たちはさまざまな有機化合物について評価検討した．

(3) この分析計によって最大 *m/z* 100 000 の有用なスペクトルが得られた．

(4) 最大 25 kDa の分子量を有するタンパク質や高分子の典型的なスペクトルを本論文に示す．

　文（1）と文（2）では，高分子量の有機化合物の質量分析計の開発と評価が本論文の研究目的であることを述べている．文（3）で，スペクトルが得られた *m/z* の最大値（*m/z* 100 000），文（4）で，最大 25 kDa のスペクトルを記載することを述べている．流れコンシャス語は指示語「こ

の」であり「レーザーイオン化 TOF 質量」を指している．したがって，段落のベクトルは次のようになっている．

「高分子量有機化合物」「質量分析計」 ➡ 「最大（値）」「スペクトル」

流れるキーワードと流れコンシャス語をまとめると，次のようになる．

---

(1) 高分子量，有機化合物，分析計

(2) 高分子量，この分析計，有機化合物

(3) この分析計，最大，スペクトル

(4) 最大，スペクトル

パラグラフ内で 4 つの文を確実につなげていることがわかる．

つぎに，同一論文の「実験」から段落をひとつ選んだ．

■「実験」のワンパラグラフ

　試料を，溶媒に蒸留水を使って約 10 µg/µL の濃度の溶液にした．この試料溶液の約 10 µL を試料ホルダーの上に滴下した．一方，金属超微粉末とグリセロールを有機溶媒，例えば，エタノールやアセトンを使って溶解させた．この溶液の約 10 µL も試料ホルダーに滴下した．その後，2 つの溶液の混合物を短時間，真空乾燥して溶液中の揮発性化合物を除去した．それから，試料ホルダーを試料とともに質量分析計に導入し，分析を始めた．この試料調製法は簡単で，2，3 分未満の調製時間であった．

このパラグラフは次の 7 つの文から成る．

(1) 試料を，溶媒に蒸留水を使って約 10 μg/μL の濃度の溶液にした．

(2) この試料溶液の約 10 μL を試料ホルダーの上に滴下した．

(3) 一方，金属超微粉末とグリセロールを有機溶媒，例えば，エタノールやアセトンを使って溶解させた．

(4) この溶液の約 10 μL も試料ホルダーに滴下した．

(5) その後，2 つの溶液の混合物を短時間，真空乾燥して溶液中の揮発性化合物を除去した．

(6) それから，試料ホルダーを試料とともに質量分析計に導入し，分析を始めた．

(7) この試料調製法は簡単で，2，3 分未満の調製時間であった．

文 (5) で 2 つの試料溶液を混ぜる．そこで，ひとつめの試料溶液の調製法を説明する文が (1)．ふたつめの金属超微粉末 / グリセロール溶液の調製法を説明する文が (3)．文 (6) で，いよいよ質量分析計を使って測定．文 (7) はこの方法の利点を追加説明している．「一方，」は「対比」を表す，そして「それから，」は「順序」を表す流れコンシャス語である．

流れるキーワードと流れコンシャス語をまとめると，次のようになる．

(1) 試料，溶液
(2) この，試料溶液①
(3) 一方，
(4) この，溶液②
(5) 2 つの，溶液①②
(6) それから，，試料
(7) この，試料

パラグラフ内で 7 つの文を確実につなげていることがわかる．この手順に従って実験をバーチャル体験できる．

　文（3）で，金属超微粉末にグリセロール（グリセリンの学術名）を添加し，有機溶媒に溶かしたことによって，試料溶液との混ざり具合が格段に改善された．そのため，レーザーによるイオン脱離が長時間続くようになった．

2000 年ノーベル化学賞 受賞

② 白川英樹 論文から

　白川先生のところに，ポリアセチレンの合成を経験してみたいという研究生が来た．その研究生は，白川先生が渡したレシピに記載された触媒量の単位を間違え，フラスコに触媒を多く入れた．思いもよらず，黒光りしたフィルム状のポリアセチレンができた．

　さらに，白川先生が所属していた研究所を見学に来たアメリカの研究者（ペンシルベニア大学の MacDiarmid 先生）がポリアセチレン製フィルムを見て，白川先生をアメリカへの留学に誘った．留学先でポリアセチレンフィルムに AsF_5 やヨウ素を添加（ドーピング）することによって，フィルムの電気伝導度が 1 千万倍を超えて上昇することを発見した．

　白川英樹先生が 1977 年に報告した『ドープされたポリアセチレンの電気伝導度』の研究論文の「結果と考察」から段落をひとつ選んだ．

出典：C. K. Chiang, C. R. Fincher, Jr., Y. W. Park, A. J. Heeger, H. Shirakawa, E. J. Louis, S. C. Gau, A. G. MacDiarmid, Electrical Conductivity in Doped Polyacetylene, *Physical Review Letters*, **39**, 1098-1101 (1977).

■「結果と考察」のワンパラグラフ

　図 1 は，AsF_5 濃度の関数として，ポリアセチレンの室温での電気伝導度を示す．約 7 桁を超える初期の急激な上昇の後，値は $220\ \Omega^{-1}cm^{-1}$ で飽和するように見える．同様な結果がハロゲンドーパントについても得られた．室温で最も高い結果は，cis-$(CH)_x$ に AsF_5 をドーピングすることによって得られ，有機金属（TTF-TCNQ）の単結晶を使って得られる値に匹敵する $560\ \Omega^{-1}cm^{-1}$

をもつ *cis*-[CH(AsF$_5$)$_{0.14}$]$_x$ を作りだせた．これまでに研究された
すべての場合で観察された濃度依存性は図1に似ている．した
がって，初期の数桁にわたる急激な上昇があって，さらに2, 3%
上の濃度で横ばいになった．

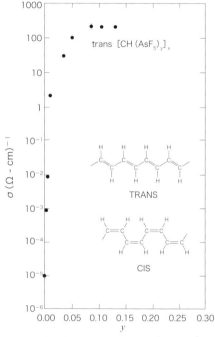

FIG.1. Electrical conductivity of *trans*- (CH)$_x$ as a
function of (AsF$_5$) dopant concentration. The *trans* and
cis polymer structures are shown in the inset.

このパラグラフは次の6つの文から成る．

(1) 図1は，AsF$_5$ 濃度の関数として，ポリアセチレンの室温での電
気伝導度を示す．

(2) 約7桁を超える初期の急激な上昇の後，値は220 Ω^{-1} cm^{-1} で飽

和するように見える.

(3) 同様な結果がハロゲンドーパントについても得られた.

(4) 室温で最も高い結果は, cis-$(CH)_x$ に AsF_5 をドーピングすることによって得られ, 有機金属 (TTF-TCNQ) の単結晶を使って得られる値に匹敵する $560\ \Omega^{-1}cm^{-1}$ をもつ cis-$[CH(AsF_5)_{0.14}]_x$ を作りだせた.

(5) これまでに研究されたすべての場合で観察された濃度依存性は図1に似ている.

(6) したがって, 初期の数桁にわたる急激な上昇があって, さらに2, 3%上の濃度で横ばいになった.

文 (1) は図1の説明. 縦軸は電気伝導度, 横軸は AsF_5 濃度である. 文 (2) と (3) は, ドーパント(添加物)がそれぞれ AsF_5 とハロゲン(例えば, 臭素やヨウ素)の場合の結果を述べている. 文 (4) は他の材料(有機金属)との電気伝導度の比較. 文 (5) と (6) は, ポリアセチレン製フィルムのドーパント濃度依存性を総括している.

流れるキーワードと流れコンシャス語をまとめると, 次のようになる.

(1) 電気伝導度

(2) $\Omega^{-1}cm^{-1}$(電気伝導度)

(3) 同様な, ドーパント

(4) ドーピング, $\Omega^{-1}cm^{-1}$

(5) (電気伝導度の)濃度依存性

(6) したがって,, 濃度

パラグラフ内で6つの文を確実につなげていることがわかる. 電気伝導度が1千万倍に上昇した(7桁を超えた)という結果とその有用性を淡々と記述している.

中村修二 論文から

2014 年ノーベル物理学賞 受賞

明るく輝かせるのが難しいと言われていた青色発光ダイオードを実用材料の性能にまで到達させたのが中村修二先生である．装置に供給するガスの流れを 2 つにしたことが発明のキーポイントであった．

中村修二先生が 1991 年に報告した『GaN 成長のための新しい金属有機化学蒸着システム』の研究論文から段落をひとつ選んだ．

出典：S. Nakamura, Y. Harada, M. Seno, Novel Metalorganic Chemical Vapor Deposition System for GaN growth, *Applied Physics Letters*, **58**, 2021-2023 (1991).

■「要旨」のワンパラグラフ

2 つの異なる流れを有する新規の金属有機化学蒸着 (MOCVD) 法が開発された．ひとつの流れは基板に平行に原料ガスを輸送する．もうひとつの流れは，原料ガスの流れの方向を変えるために，基板に垂直に不活性ガスを輸送する．この方法を使って GaN の成長が試みられ，2 インチのサファイア製基板全体にわたって，高品質で，均一なフィルムを得た．そのキャリア濃度および Hall 移動度は，それぞれ $1 \times 10^{18}/\mathrm{cm}^3$ および $200 \ \mathrm{cm}^2/(\mathrm{V \ s})$ であり，これは MOCVD 法によるサファイア製基板へ直接成長させた GaN フィルムのなかで最高値である．

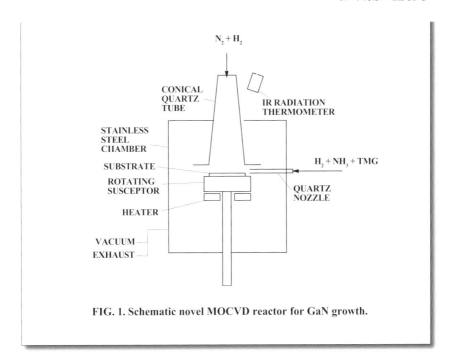

FIG. 1. Schematic novel MOCVD reactor for GaN growth.

このパラグラフの文は次の 5 つの文から成る.

(1) 2 つの異なる流れを有する新規の金属有機化学蒸着（MOCVD）法が開発された.

(2) ひとつの流れは基板に平行に原料ガスを輸送する.

(3) もうひとつの流れは，原料ガスの流れの方向を変えるために，基板に垂直に不活性ガスを輸送する.

(4) この方法を使って GaN の成長が試みられ，2 インチのサファイア製基板全体にわたって，高品質で，均一なフィルムを得た.

(5) そのキャリア濃度および Hall 移動度は，それぞれ 1×10^{18} /cm^3 および 200 cm^2/(V s) であり，これは MOCVD 法によるサファイア製基板へ直接成長させた GaN フィルムのなかで最高値である.

文 (1) はガスの流れを 2 つにする工夫をしたと述べている．文 (2) では，基板に平行に流す原料ガス，文 (3) では，基板に垂直に流す不活性ガスの説明．文 (4) と (5) がこうしてサファイア製基板に析出した GaN フィルムの物性を述べている．文 (5) は数値を記載していて，「要旨は informative であるべき」というルールのお手本である．

流れるキーワードと流れコンシャス語をまとめると，

---

(1) 2 つの，流れ
(2) ひとつの，流れ，基板，輸送する
(3) もうひとつの，流れ，基板，輸送する
(4) この，GaN，成長，サファイア製基板，フィルム
(5) その，サファイア製基板，成長，GaN フィルム

パラグラフ内で 5 つの文を確実につなげていることがわかる．結果とその優位性を，自信をもって記述している．

ひと休み 「ノーベル賞を取りたいのですが，……」

　大学の1年生向けの「理系の作文とプレゼンの学習法」という講義のなかで，ノーベル賞を受賞した日本人の論文を紹介し，その内容を紹介した．数日して，受講生から「先生に相談したいことがあるので，お会いしたい」というメールが来た．

　丁寧なメールの文面だったので，研究室のゼミ室で面談することにした．学生は私の目の前に座るやいなや，「ノーベル賞を取りたいのですが，どういうふうにすればよいでしょうか？」と言い出した．もちろんふざけていない．まじめな顔をしている．

　私は半分あきれながらも，「講義で紹介したように，多くの場合，発見や発明から20年，30年以上経って，それが社会に大きく役立って初めてノーベル賞が授与されるんだよ．研究者や技術者は初めからノーベル賞を取ろうとして研究していないよ」と諭した．しかし，学生は納得していない様子だ．私はその瞬間，よい回答を思いつき，こう続けた．「それに，ノーベル賞を取る方法がわかっていたら，君より先に私がもらっているよ」

　学生の目の中の“星飛雄馬のような”火炎はなくなった．しばらくして学生は「わかりました．まずは，夏休みにアメリカでホームステイしてみます」．私は動揺した．「なんでそういう発想になるんだ！」と心の中で叫んだ．「この1年生の人生がどうなろうが私には責任はない」と自分に言い聞かせて，学生をゼミ室から送り出した．学生は元気そうに廊下を帰っていった．

◆「恩書」を探そう！◆

　書店に行くと，棚にずらりと文章法の本がある．たくさんあって，読者は幸せだ．自分にあった本を選べばよい．本棚に，引き出して繰り返し読みたくなる本があると，人生幸せだと思う．そういう本を「恩書」と呼ぼう．私の「恩書」は次の3冊である．

1　西村 肇『古い日本人よさようなら　個人として生きるには』（本の森，1999 年）
　私の恩師の一人である西村 肇先生の著作のひとつ．この本に「文章読本」が含まれている．さまざまな文章読本が昔から世に出ているが，理系の研究者にこれほど役立つ内容はほかにない．

2　堀井 憲一郎『いますぐ書け，の文章法』（ちくま新書，筑摩書房，2011 年）
　「文はサービス」という著者の根本精神が貫かれた本である．私は原稿を書くときに必ずこの本を一読してから書いている．

3　小河原 誠『読み書きの技法』（ちくま新書，筑摩書房， 1996 年）
　当初，難しい内容の本のように思えた．しかし，最後はそのまじめさに涙が出そうになる．平明な文章を書く意義の記述に心打たれる．

　私にとって役立った本が，読者のみなさんに役立つどうかは別の問題である．若い人はたくさんの本を読んで，その中から人生の指針となる「恩書」を見つけ出してほしい．分厚い本だと辞書のようになって勉強しにくい．手頃な本を見つけ出してほしい．

おわりに

「作文の方法について本を出すなんて，作家でもないのに，なんて破廉恥なことをするんだ！」と非難されてもしかたないと思っていた．しかし，"大ニュース"が2022年4月5日のメールに飛び込んできた．私が千葉大学を定年退職するのを機に出版した『大学教授が，「研究だけ」していると思ったら，大間違いだ！』(2020年，イースト・プレス)の一部分が大学入試問題の題材に採用されたというのだ！　入試問題だけに，事前には知らされずに，後になって「過去問題集」に掲載される時点で，知らせが著者である私に届いた．

2022年2月に実施された四日市看護医療大学の入試の国語（国語総合）問題の一問になった．原著から10ページ分の内容を引用し，文中に空欄を10個作ってある．それを埋める語を選択する問題形式である．この"大ニュース"を卒業生に伝えると，「先生も，これで作家の仲間入りですね」とからかわれた．というわけで，この本にある作文の方法をとりあえず信用し実践してよさそうだ！

持ち込まれた原稿を読んで，企画を通し，原稿を読み込み，私が落ち込むほどの多くのコメントをくださった㈱化学同人の後藤 南氏に心から感謝申し上げます．おかげさまで，第Ⅰ部「何のために書くか：理系人生で要求される4種の文書」が加わり，第Ⅱ部の演習問題が充実しました．さらに，第Ⅲ部もスリムに作成できました．また，同社の中田峰晃氏が編集を担当してくださいました．鈴木素美氏が描いてくださったイラストのおかげで本全体が明るく，楽しくなりました．三浦喬晴氏が第Ⅰ部の原稿を磨いてくださいました．私が勤務する㈱環境浄化研究所の研究仲間である神原晴佳氏が推敲と校正を手伝ってくださいました．みなさん，ありがとうございました．

2023年夏

斎藤 恭一

■ 著 者

斎藤 恭一 （さいとう きょういち）

1953 年埼玉県生まれ．1982 年東京大学大学院工学系研究科化学工学専攻博士課程修了．東京大学助手，講師，助教授，千葉大学助教授，教授を経て，現在は，早稲田大学理工学術院総合研究所客員教授．千葉大学名誉教授．専門は，高分子材料化学，放射線化学，化学工学．著書に，『道具としての微分方程式』（ブルーバックス），『社会人のための化学工学入門』（朝倉書店），『大学教授が，「研究だけ」していると思ったら，大間違いだ！』（イースト・プレス）など多数．

■ イラスト

鈴木 素美 （すずき もとみ）

これで書ける！ 理系作文の鉄則 46
ぜひ知っておきたい最強のコツとテクニック

2023 年 7 月 20 日　第 1 刷　発行

著　者　斎藤　恭一

発行者　曽根　良介

発行所　（株）化学同人

検印廃止

〒600-8074 京都市下京区仏光寺通柳馬場西入ル
編集部　TEL 075-352-3711　FAX 075-352-0371
営業部　TEL 075-352-3373　FAX 075-351-8301
振　替　01010-7-5702
E-mail　webmaster@kagakudojin.co.jp
URL　https://www.kagakudojin.co.jp
印刷・製本　西濃印刷（株）

ISBN978-4-7598-2094-2